给猫咪一个
安全的家

猫が食べると危ない食品・植物・家の中の物図鑑

监修

［日］服部幸

译

连俊翔

海峡出版发行集团 | 海峡书局
THE STRAITS PUBLISHING & DISTRIBUTING GROUP

保护爱猫，
预防来自身边
的致命危险

如今，将猫咪完全养在室内的人越来越多，与人类共处一室的猫咪需要面对人类家中的各种物品。在这样的环境下，猫咪很容易不慎吞食原本不会食用的异物，我们将这种情况称为"误食"①。在养猫家庭，因误食而酿成的重大事故屡见不鲜。

有的猫咪腹中异物可能会在一定时间后排出体外，但也有需要麻醉后通过内窥镜手术取出，或必须进行腹部手术的情况。甚至，有很多主人没有注意到猫咪误食，等到发现也为时已晚，此类案例也不断发生。

---

① 也有"误饮"和"误咽"等说法，本书统一为"误食"。

猫咪不仅在体形上远小于人类，其代谢方式也与人类不同。因此，对于它们来说，有些食物、植物及家庭用品都可能是有害的。与狗相比，其中某些成分导致的中毒症状在猫咪身上会更为严重。如上述所言，猫咪的误食、中毒事故具有其特殊性。而且，猫咪容易误食的东西也会随着人类生活的环境而不断改变。因此，我们需要针对"当今的猫咪的生活"制定对策。

本书将结合日本及其他国家的调查及报告，介绍一些猫咪误食后容易引发肠梗阻或肠胃不适的家庭用品，以及可能导致中毒的食物、饮料、观赏性植物、化学制品等等。

在事故发生后，保持冷静并尽快将爱猫送往宠物医院接受治疗非常重要。但是，了解会危及猫咪性命的物品，将误食与中毒事故防患于未然，才是最佳的对策。

——让您的爱猫远离身边的危险。

目录

本书监修服部幸医生
和他的爱猫Queen

猫咪的误食、中毒事故

认为"我家猫不会乱吃东西"是危险的

了解猫咪的误食和中毒倾向

猫咪天生就是独来独往的猎手，面对未知的事物总是小心翼翼。而喜欢群居的狗狗则是杂食动物，也会吃肉以外的食物。因此，相较之下，猫咪"乱吃东西"的风险或许更低。

然而，这并不代表猫不会误食。实际上，误食往往是导致它们做手术或住院的主要原因之一。猫咪误食的原因似乎源于它们自身，狩猎本能促使它们在家中到处撕咬，猫舌上用于剔肉的倒刺则会在不经意间将异物卷入口腔。

猫咪发生中毒更危险

让我们看看日本以外的案例。美国防止虐待动物协会（ASPCA）运营的动物中毒管理中心（APCC）在 2005 年至 2014 年的 10 年里，共接到 241253 个咨询猫狗中毒的电话。其中，关于猫咪的来电咨询为 33869 个（占 14%），大部分是因误食植物及人类和动物的药品所致。这样看来，猫咪中毒的事故并没有狗多，但是部分食物、植物及保健品所导致的中毒症状在猫咪身上往往更为严重。因此，不要因为认为猫咪"不会乱吃东西"就疏忽大意，反而更应该警惕"正因为是猫才会有这样的危险"。

误食是对猫咪健康和主人钱包的双重打击

误食的异物卡在肠道引起梗阻，尖锐的异物刺穿消化器官……发生这些情况时，必须要进行开腹手术。开腹手术不仅会给猫咪的身体带来负担，手术费及住院费等医疗费用也是一笔不菲的开支。

▼猫咪手术的理由 Top3

排名	病名	件数	次均医药费（中位数）	次均医药费（平均数）
1	牙周病 / 牙龈炎（包括乳牙滞留引起的其他疾病）	439 件	50598 日元	61519 日元
2	消化道异物 / 误饮	324 件	106267 日元	125618 日元
3	其他的皮肤肿瘤	122 件	66652 日元	79938 日元

▼猫咪住院的理由 Top3

排名	病名	件数	次均住院时间	次均医药费（中位数）	次均医药费（平均数）
1	慢性肾病（包括肾功能衰竭）	1224 件	4.6 天	45873 日元	69003 日元
2	消化道异物 / 误饮	389 件	3.8 天	96487 日元	111587 日元
3	呕吐 / 腹泻 / 便血（原因不明）	365 件	3.6 天	45559 日元	67097 日元

以上摘自《Anicom[①] 家庭动物白皮书（2019）》
调查对象：2017 年 4 月 1 日至 2018 年 3 月 31 日间投保 Anicom 损害保险的 100472 只猫咪（0~12 岁的所有猫咪）。上表汇总了因各类疾病申请赔付的猫咪在治疗中所产生的费用（包括就诊、住院及手术的费用）。

---

① 日本最大的主打宠物保险的保险公司。——译者注

"防止猫咪误食需要全体家庭成员的共同努力"

——普洱（3岁的非纯种雄性，误食丝带逗猫棒和硅胶制品）的主人

　　我家普洱也误食过很多次。第一次误食发生在它出生的半年后。那时我正用丝带逗猫棒逗它玩，趁我看电视的瞬间，它将丝带咽了下去。我发现后立即抽出逗猫棒，但为时已晚，丝带已经被咽下去了。当时是晚上10点多，我打电话给熟悉的医生，做了催吐，但不起作用。于是，我乘坐出租车前往距家1小时的急救中心。最后，通过内窥镜手术取了已经缠成一团的丝带。

　　此后，我对绳子一类的物品格外小心，可没想到第二次它竟误吞了保温杯的密封圈。直到第二天傍晚，我听到普洱发出奇怪的叫声，然后吐出了四分五裂的密封圈，才发现这事。向宠物医院咨询后，医生建议我先观察剩余的密封圈是否会随粪便排出体外。万幸的是，这次排了出来。从那以后，我开始将密封圈放在其他地方晾晒。后来，普洱又误食了女儿的项链和硅胶制钥匙扣。自此，我意识到防止误食需要全体家庭成员的共同努力。作为主人，我原本可以阻止误食发生，却给普洱带来了痛苦的回忆。今后，为了避免误食，我们一定会加倍小心。

什么样的猫咪在何时容易误食、中毒？

●年幼的猫咪

年幼的猫咪更容易发生误食现象，因为它们旺盛的好奇心经常凌驾于警戒心之上。对于大部分初次养猫的主人来说，刚开始学习养猫知识的时期也是事故的多发期。有报告指出，因植物引起的中毒事故中，至少有一半的猫咪未满一岁[1]。随着猫咪年龄的增长，误食的频率也会降低。但是，有些上了年纪的猫会执着于特定的物品，因此不妨多观察爱猫的行为，避免放置一些容易误食的东西。

●雄性的猫咪

在猫咪进入行为模式趋于稳定的老年期之前，因误食而接受治疗的病例中，雄性猫咪居多（图1）。一般而言，雄性猫咪喜欢占据更大的地盘，因此相较于雌性，它们的活动范围更广，好奇心也更为旺盛。另外，很多雄性猫咪不仅体格健壮、食量巨大，还有强大的咬合力，这或许也是它们更容易误食的原因。

●大约在冬季

虽然不如狗那样明显，但是在食欲旺盛的冬季，以及节日接连不断的时期，误食异物的猫咪数量也会略微增加（图2）。聚餐的食物和室内装饰品都会成为它们误食的对象。并且，人们在欢聚中也容易放松警惕。

---

[1] Gary D. Norsworthy (2010): *The Feline Patient, 4th Edition.*

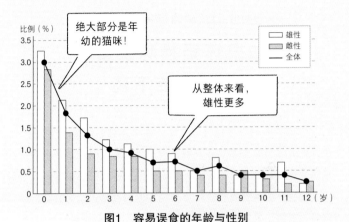

图1 容易误食的年龄与性别

摘自《Anicom 家庭动物白皮书（2018）》"误食猫咪赔付申请比例的年龄趋势图"（以85717 只 2018 年加入 Anicom 损害保险的 0~12 岁猫咪为对象，该图记录了各年龄的猫咪因误饮而申请赔付的比例）

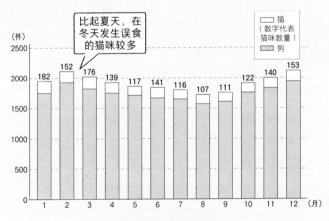

图2 容易误食的季节

摘自《Anicom 家庭动物白皮书（2018）》"误食猫狗就诊件数的月度分布图"（以2018 年加入 Anicom 保险的猫狗为对象，其间 Anicom 共收到来自误食猫狗赔付申请22838 件，该图记录了每月的就诊件数[①]）

---

① 此处包括复诊，即每件赔付申请只计算一次就诊。——译者注

大多数情况我们并未目睹猫咪吞下异物

如果怀疑猫咪误食，
最好对症下药

　　根据我院的临床经验，大部分猫咪误食或中毒的案例中，主人们并没有亲眼看到猫咪吞下异物。再者，很多人并不认为猫咪会误食异物，他们甚至没往那方面去想。（服部医生）

　　那么，如果怀疑猫咪误食异物却没有目睹该怎么办呢？只要主人采取正确的措施，它们得救的概率就会大幅提升。因此，不妨冷静地观察爱猫是否出现异常举动（下表），并根据状况采取相应的措施吧。

（参见第14页）

各类案例

猫咪误食后常见的异常举动

☐ 持续性呕吐，或者间隔一段时间多次呕吐

☐ 干呕

☐ 食欲不振

☐ 感觉口腔不适，总是频繁地张嘴闭嘴

☐ 流涎（发出"咕噜咕噜"的响声）

☐ 精神萎靡，蜷缩成一团

☐ 不停发抖

"没看到它吞下异物"

——<u>丝丝</u>（5 岁的非纯种雌性，误食泡沫地垫）的主人

　　我家的猫咪<u>丝丝</u>酷爱啃咬塑料及塑料袋。起初，我猜测是羊毛吸吮（第 115 页）[1]之类癖好。虽然它喜欢啃咬异物，但从没见过它吞下过。于是我想当然地以为它只是咬一咬就满足了。

　　然而在几天前，购物回家后，我发现了 8 处丝丝呕吐的痕迹，其中只有一处是食物，其余都是泡沫状的胃液。<u>丝丝</u>看起来也十分萎靡。我无法判断它误食了什么东西，只能立刻带它前往经常去的宠物医院。

　　医生先给它注射了催吐剂，不过由于<u>丝丝</u>因此变得凶暴，我们没有验血就回家了。第二天是医院的休息日，我只能坐立不安地待在家里。后来，再次去医院的那天，我在打扫猫厕所时发现排泄物中似乎混有异物。为了确认内容物，我将粪便装入塑料袋中用手掰开，里面出现了一块 1 厘米 ×2 厘米大小的蓝色碎片。我发现这是铺在地板上的泡沫地垫的碎渣。真没想到它竟然吞下了这样的东西。不过，能够跟粪便一起排出来着实让我松了一口气。房间内本来铺了大约 20 张泡沫地垫，从那以后我就全部丢弃了。

---

① 形容猫咪吮吸羊毛制品，以及毛衣、毛毯等和猫毛触感相似的物品的行为。——译者注

案例1

- 看到猫咪吞食异物
- 呕吐物中混有异物
- 发现残留物
- 猜测猫咪可能误食了异物

例
- 猫咪玩过的玩具变得破烂不堪
- 被扔进垃圾箱或三角沥水篮的食品包装袋有被啃咬过的痕迹
- 收好的食品、零食及包装袋有被撕扯过的痕迹
- 绳子、头绳、针线等小物件丢失
- 纺织品变得残破不堪……

▼

1 符合下列任意一项时

☐ 误食的物品数量较多，或形状较大 / 较长 （推测）
☐ 误食了少量有毒性的物品 （推测）
☐ 误食了尖锐的物品 （推测）
☐ 误食后，猫咪的行为出现异常 （详见第12页）

───────→ 可能会出现严重的健康问题。

对策 | 联系宠物医院说明情况及症状，及时就医。比起花时间确认猫咪误食了何种物品，更应该及早就医。

2 1中的选项均不符合，且猫咪食欲旺盛、精力充沛时

───────→ 异物可能随粪便排出体外。

对策 | 保险起见先听从医生的建议，并仔细观察异物是否出现在呕吐物或粪便中。

案例2

- 既没有看到猫咪吞下异物，也没有找到残留物，
  但猫咪行为异常（详见第12页）

▼

⟶ 可能是误食或其他原因而导致的身体不适。

对策 ┊ 尽快就医。

案例3

- 在粪便中发现异物

▼

❶ 异物完整（或看似完整）地排出体外时

⟶ 问题不大。

对策 ┊ 之后如果猫咪行为异常，建议就医。

❷ 有部分（或看似有部分）异物难以排出体外时

⟶ 部分异物可能残留在猫咪体内。

对策 ┊ 紧迫性取决于异物本身及其数量，建议观察一周猫咪的粪便情况，一周后异物仍未排出体外的话，建议就医。

注：此处介绍的均为一般性的案例，有时需要根据猫咪所吞食异物的数量及猫咪的健康状况采取有针对性的措施。如果有熟悉的宠物医生，请遵照医嘱。

就诊前的禁止行为

擅自给猫咪催吐

虽然网上流传一些给猫咪催吐的方法，但几乎没有一个是安全的。与其花时间研究如何给猫咪催吐，不如及早联系医生。以下的方法都是危险行为，切勿尝试。

- 食盐催吐：让猫咪直接舔舐食盐，或者将食盐溶解在炼乳中给猫咪喂下。虽然曾流行过这些方法，但这样不仅无法催吐反而还会让猫咪因摄入过量的钠而患上高钠血症。这会令猫咪口渴难耐，严重时甚至可能出现神经系统损伤，导致全身抽搐、昏迷不醒。
- 双氧水催吐：损伤食道和胃黏膜，甚至引发溃疡。

就诊前喂食

有些主人因为担心不吃不喝的爱猫，会想方设法让它们进食。但是，如果猫咪的腹中有食物，则无法接受内窥镜手术、X光和B超等检查。这将贻误诊断和治疗的时机，因此就诊前不要让猫咪吃任何东西。

用蛮力将异物从肛门拽出

线状异物被猫咪误食后，可能会在肛门处露出一截。有些主人会用手将其拽出。这样做可能会扯到肠壁导致组织坏死，请保持当前的状态就诊。如果因露出的部分太长而引起猫咪的注意，可以剪去一段，并为猫咪戴上伊丽莎白圈，防止其舔舐异物。

就诊时的注意事项

告知医生事故的详细情况（包括时间、误食何物、误食的量）

虽然没有目击猫咪误食的现场，无法了解实际情况，但可以将相关的信息尽可能详细地告知医生，比如"几点之前还是健康的"。如果可以的话，请带上异物的包装袋，这是了解异物的成分和分量的重要提示。特别是当猫咪可能中毒时，主人提供的信息越详细，医生就能越快采取注射解毒剂等治疗措施。

携带异物的残渣

如果发现有剩余的异物或混有异物的呕吐物，请戴上塑胶手套后将异物装入塑料袋中，就诊时一并带上。此外，即便什么都没剩下，如果您对猫咪误食的异物有头绪，也可以携带和其相似的物品。

无法吐出或排出异物时，需要接受内窥镜或开腹手术

误食后主要的诊断及治疗

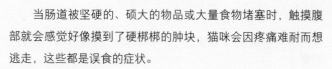

诊断

● 触诊

当肠道被坚硬的、硕大的物品或大量食物堵塞时，触摸腹部就会感觉好像摸到了硬梆梆的肿块，猫咪会因疼痛难耐而想逃走，这些都是误食的症状。

● X 光和 B 超检查

金属或骨头等异物会清晰地出现在 X 光拍摄的照片上。像绳线、橡皮圈、硅胶制品、塑料制品、塑料薄膜、竹签等这类物品具有一定的穿透性，所以很难通过 X 光发现。但是，最近 B 超检查的精密度不断提升，已经成为确认 X 光无法查出的物品的有效手段。

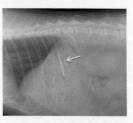

胃里的针在 X 光下清晰可见。

注：根据症状、严重程度，宠物医院的治疗方针会有所不同，请前往经常就诊的宠物医院向医生了解详细情况。

● 用催吐药催吐

给猫咪催吐难度不小。当误食的异物有毒，或腹中异物看似能够从食道顺利排出时，会选择为其注射催吐药。氨甲环酸（tranexamic acid）是猫咪常用的催吐药。过去，双氧水也用于催吐，不过这种方法容易造成胃部和食道的溃疡，最近已经很少使用。

● 洗胃和药物（吸附剂、泻药、解毒剂）的使用

误食有毒物品可通过以下手段除去。

- 洗胃：在猫咪昏迷或被麻醉时，将软管从口腔送入，向其中注射生理盐水或温水来冲洗胃腔。但是，洗胃的效果并不理想。
- 吸附剂：将活性炭（对大部分毒物有效，但对水果及植物种子中的氰化物无效）与水混合后经胃管送入猫咪体内。
- 泻药：在婴儿油等产品中广泛使用的液体石蜡（liquid paraffin）能够帮助猫咪将肠道内的脂溶性毒物排出体外。此外，也可以用灌肠液清洁肠道。
- 解毒剂：根据致毒成分对症下药，从而达到阻碍毒素吸收、中和毒性等目的。

● 进行内窥镜手术

X光和B超检查后，如食道或胃部有异物残留，则需要给猫咪进行全身麻醉，再通过内窥镜手术取出异物（十二指肠中的异物也可用这种方法取出，只不过手术难度颇高）。将内窥镜经由口腔送至食道或肠胃中，借由影像来寻找异物，再用内窥镜尖端的异物钳将其取出。

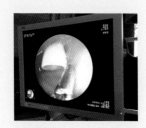

胃部的异物。观察影像的同时将其取出。

● 进行开腹手术

下列情况需要实施开腹手术。尤其是当肠梗阻或误食的绳线缠成一团时，急救措施变得无比重要。与肠胃相比，在食道动手术的难度更大，因而能够完成手术的宠物医院也非常少。

- · 通过内窥镜手术也无法将异物取出
- · 异物进入肠道且无法排出体外
- · 尖锐的异物深深地刺入肠胃且难以取出或肠胃穿孔（开了个小孔）

携误食的宠物就诊时
主人的常见回答 TOP3

"稍微不注意"　　　　　　　**92%**
"发现时已经来不及了"　　　**91%**
"明明已经非常注意了"　　　**63%**

注：摘自《携误食的宠物就诊时，主人的常见回答：来自 172
名医生的见闻录》（Anicom 集团于 2011 年实施的调查）

第1章 猫咪绝不能吃的危险食物

有些食物或饮料对人体完全无害，但其中的某些成分可能只是少量就会令猫咪中毒。有些猫咪对人类的食物丝毫不感兴趣，但是也有很多什么都想吃的馋嘴猫咪。猫咪无法辨别食物是否有毒，这就要依靠主人们帮助它们防患于未然了。

避免猫咪"祸从口入"的基本方法

- 事先牢记容易引起中毒的食物和饮料，避免在不知情的情况下投喂。

- 妥善保存，防止馋嘴的猫咪偷吃。

- 以错误的方式和数量投喂某些食物反而会危及健康，请正确投喂→第44页

关于危险等级

本书把危险性划分为三个等级，将容易致命的，以及误食少量也有中毒风险的
食物归入高危等级，以 😿 😿 😿 表示。

巧克力

Chocolate

危险等级 🐱🐱

（黑巧克力 🐱🐱🐱）

黑巧致命，
切勿喂食！

宠物误食的案例中，巧克力的尤为常见。以美国动物中毒管理中心的报告为例，2019 年涉及巧克力中毒的咨询约占全年总咨询的 10.7%，日均咨询量超过 67 件。虽然喜爱甜味和可可味的狗狗误食巧克力的案例较多，但误食后中毒的猫咪也有很多。食用巧克力会令它们极度亢奋，并出现呕吐、腹泻等症状，严重时会加剧心脏及神经系统的负担，甚至危及生命。

原料可可中的可可碱（theobromine）是引发中毒的罪魁祸首。可可碱能够帮助人类调节情绪、集中注意力，但是猫狗却很难将这种成分排出体外。此外，可可中的咖啡因（27 页）也有导致中毒的风险。可可碱和咖啡因的中毒剂量约为每千克体重摄入 20 毫克（40~50 毫克 / 千克时发展为重症，60 毫克 / 千克时出现抽搐）[1]。作为参考，我们换算出每千克体重会导致中毒的巧克力的摄入量，结果如下所示。由此我们不难发现，可可碱含量最高的黑巧克力最为致命。

出现中毒症状的巧克力的摄入量

- 黑巧克力：5 克 / 千克
- 牛奶巧克力：10 克 / 千克
- 白巧克力：除非吞食量极大，否则不会中毒

最近，由于可可多酚[2] 热潮，很多人购买可可含量较高的黑巧克力。但是，它对猫咪来说却是致命的毒药，即便误食一点也有可能会送命。好在猫咪对砂糖的甜味无感，那么，在情人节这样的节日里，不妨送一些猫咪专用的食品吧。

---

[1] 参考自 Sharon Gwaltney-Brant (2001): Chocolate intoxication。
[2] 可可多酚主要存在于巧克力的原料可可豆中，具有较强的抗氧化作用，被认为是对人体有益的物质。日本明治公司在相关报告中指出，食用高可可含量的巧克力可以有效降低血压。——译者注

含有咖啡因的饮料

Caffeinated Beverages

危险等级 😺😺😺

除咖啡和红茶之外，
还要注意含有咖啡因的饮料。

咖啡和红茶等饮品中的咖啡因具有让人兴奋的作用，可以提神醒脑、消除疲劳、集中注意力。此外，它还能提升呼吸功能和运动功能，并具有利尿作用。想要全身心投入到学习或工作中时，喝一杯含有咖啡因的饮料也不失为一个好方法。

适量摄入咖啡因对人体有益，但是对体形远小于人类的猫来说，咖啡因的作用就过于强烈了。猫咪误食后可能会出现呕吐、腹泻、极度亢奋、心悸、心律不齐、震颤、抽搐等症状。此外，比起一般的咖啡和红茶，玉露[1]的咖啡因含量更高。

各类饮品中咖啡因的大致含量

- 玉露茶：160 毫克（取 10 克茶叶以 60 毫升的 60℃热水冲泡 2.5 分钟）
- 咖啡：60 毫克（取 10 克粉末以 150 毫升的沸水冲泡）
- 红茶：30 毫克（取 5 克茶叶以 360 毫升的沸水冲泡 1.5~4 分钟）
- 煎茶：20 毫克（取 10 克茶叶以 430 毫升的沸水冲泡 1 分钟）
- 焙茶、乌龙茶：20 毫克（取 15 克茶叶以 650 毫升的沸水冲泡 30 秒）

参考《日本食品标准成分表 2015 年版》（第七版）

除上述饮品之外，各类功能性饮料和可乐（含量约为咖啡的六分之一）中也含有咖啡因。

对于猫咪而言，咖啡因的致死剂量是 1 千克体重摄入 100 毫克～200 毫克。当 1 千克体重摄入 20 毫克咖啡因时，就会出现中毒症状。也就是说，体重在 3 千克～4 千克的猫咪喝下一杯咖啡就会中毒。虽然大概没有猫咪会喝这么多，但是体重为 1 千克的幼猫饮下少量也是十分危险的。

---

[1] 日本绿茶的一种。

酒精饮料

(及含有酒精的食品)

Alcoholic Drinks

危险等级 😿 😿 😿

少量摄入也会
导致急性酒精中毒。

对啤酒、葡萄酒、清酒、烧酒和威士忌等酒类，有的人千杯不醉，有的人则一杯倒。而身躯远小于人类的猫咪基本属于一杯"倒"的类型，原因是它们的内脏无法自行分解酒精。一般来说，猫咪在饮酒后不久就会发生急性酒精（乙醇）中毒。

对于酒精的耐受性因猫而异，同时也受喝酒速度的影响，因此酒精的致死剂量不能一概而论，有些猫咪只喝一口就会导致生命危险。此外，酒精度越高的饮料越危险。

大致的酒精度（容积 %）

- 威士忌：40.0%
- 烧酒（连续蒸馏）：35.0%
- 清酒（普通清酒）：15.4%
- 红葡萄酒：11.6%　白葡萄酒：11.4%
- 低麦啤酒（气泡酒）[①]：5.3%　啤酒（淡色）[②]：4.6%

参考自《日本食品标准成分表 2015 年版》(第七版)

猫在酒精中毒后会出现呕吐、腹泻、呼吸困难、震颤等症状。严重时会陷入昏睡，甚至可能因误咽、窒息、呼吸抑制而导致死亡。因此，千万不要出于好奇心让猫咪喝酒。

此外，也有一些猫咪会对人类的饮品充满好奇，这时请盯紧桌面上的酒杯。除饮料外，发酵生面团及放入朗姆酒葡萄干的蛋糕也含有酒精，切勿投喂。→杀菌剂和消毒液中的酒精见第 145 页。

---

① 根据日本"酒精税条例"，指麦芽含量 25% ~ 50% 的啤酒和啤酒类饮料。——译者注
② 啤酒分类，日本主要为淡色啤酒。——译者注

蔷薇科水果的果核及未成熟的果实

（杏、木瓜、枇杷、梅、桃、李子、樱桃等）

Seeds and unripe fruits of the Rosaceae family

危险等级 🐱🐱🐱

果核及未成熟的果实
含有氰化物。

虽然香蕉、草莓及哈密瓜等水果对猫咪无害（第43页的葡萄及第54页中含有毒物质的水果除外），但由于糖分和热量较高，也没有必要刻意喂食。如果猫咪喜欢吃，在确定无过敏反应的前提下，可以"偶尔投喂一点"并将其做为与猫咪互动的一部分。但是，注意不要投喂杏、木瓜、枇杷、梅、桃、李子、樱桃等蔷薇科水果的果核及未成熟的果实。

硕大的果核除中毒外还可能堵塞肠道

蔷薇科水果的果核含有苦杏仁苷（amygdalin）。它是一种氰化物，在肠胃内被分解后产生氰化氢。大量摄入的话会出现头晕目眩、走路不稳等症状，甚至会因呼吸困难或心力衰竭而猝死。虽然这些都不是猫咪爱吃的水果，但如果发现猫咪连核带肉吃了很多这类水果时，请联系医生。

除了果核，尚未成熟的果实中也含有氰化物。比如，为了制作梅干而采摘、购入青梅放置在家中，猫咪大量食用会导致中毒。此外，植物的茎和叶中也含有氰化物，并且伴随着植物枯萎，其含量也会不断增加。因此，注意不要让猫咪啃食樱桃的茎部。

除了导致中毒之处，吞食梅干的果核还容易引发肠梗阻。为了避免猫咪在玩耍的过程中误食，记得将掉落的果核捡起并扔到有盖的垃圾桶中。

葱属植物

（葱、洋葱、韭菜、藠头等）

Allium spp.

危险等级 😾😾

加热后，导致猫咪严重贫血的
成分也不会被分解。

葱和洋葱对人体完全无害，但猫咪误食后，其中的有机硫化物会破坏血液中的红细胞，形成海因茨小体（血红蛋白氧化后聚合而成的小体），最终会引发尿血和溶血性贫血。此外，血红素还会导致肾损伤引发急性肾衰竭，甚至危及生命。中毒之初则会出现呕吐、腹泻、呼吸困难、食欲不振等症状。此外，大蒜（第37页）、韭菜、薤头、火葱[1]、北葱[2]等葱属（*Allium*）植物同样存在猫咪中毒的风险。有报告指出，每千克体重摄入量到达5克时，猫咪就会出现血液学变化[3]。与狗相比，它们更容易受到有机硫化物的影响。

注意料理中的葱类

猫咪十分厌恶葱类植物的刺鼻的气味和辛辣的口感，一般不会误食。但也是需要留意汉堡肉饼、炖菜、烤鸡肉串、炒蔬菜等熟食，其中的肉类都是猫咪的最爱。葱类在加热后可以增加菜肴的甜味，但其中有机硫化物并不会被分解。即使把葱除去或只喂食汤水，只要其中仍然存在有机硫化物，猫咪就无法幸免于难。像烤肉的酱汁这种从外表上难以判断其成分的食品，很多其中也添加了洋葱汁。另外，猫咪容易把香葱的盆栽误认为猫草，因此最好把盆栽转移到花园或阳台。

一般来说，葱类中毒的症状会在食用3~4天后出现，如果大量食用则只需1天。也有猫咪不会出现中毒症状。无论如何，判明误食后最好立刻送医并接受解毒治疗。

---

[1]　火葱（学名：*Allium cepa L. var. aggregatum*），洋葱的变种，鳞茎部分用于食用。——译者注

[2]　北葱（学名：*Allium schoenoprasum*），别名虾夷葱，常见于西餐。——译者注

[3]　参考自 R.B. Cope（2005）: Allium species poisoning in dogs and cats.

鲍类和海螺的
内脏（肝）

Entrails of Abalones and Turban Shell

危险等级 😾😾

早春鲍鱼的肝脏
会诱发光线过敏症。

江户时代的百科全书有这样一则记载："猫食鸟蛤肠则耳脱落也。"[1] 在日本的东北地区也流传着"喂食早春鲍鱼的内脏，会让猫咪的耳朵脱落"的说法，至于这种说法是否源自此书就不得而知了。

不过这些话并非迷信。即便现在，很多人也认为不应给猫咪喂食鲍类（黑鲍、虾夷鲍、雌贝鲍、九孔鲍等鲍科贝类）的内脏。因为，2~5 月期间，鲍鱼在摄入海藻后，海藻的叶绿素（chlorophyll）被分解为焦脱镁叶绿酸 a（pyropheophorbide-a）并积聚在鲍鱼的消化道中肠腺[2]里。焦脱镁叶绿酸 a 在光照下会生成活性氧，当猫咪摄入了这种物质并暴露于阳光下时，活性氧就会引起皮肤炎症。这种病叫作"光线过敏症"，由于猫咪的耳朵绒毛较短且极易暴露在日光下，因此患病后会出现红肿、瘙痒、疼痛等症状。另外，海螺的内脏中也含有焦脱镁叶绿酸 a，只不过其毒性较鲍鱼更弱。

其他贝类也有中毒的风险

那么其他贝类是安全的吗？也不尽然，比如常见的蛤蜊和蚬类中含有硫胺素酶（thiaminase，第 41 页），摄入过量会令猫咪缺乏维生素 B1。虽然加热后可使其失去毒性，但也没有必要刻意投喂。不同的贝类，内脏的位置及毒性也各不相同。考虑到这一点，还请各位主人慎重投喂。

---

[1] 参考自《和汉三才图会》第 47 卷贝类（《和汉三才图会中之卷》寺岛良安编，中近堂出版）。
[2] 即中国人常说的鲍鱼肝，相当于脊椎动物的肝胰脏。——译者注

各类香辛料

Spices

危险等级 🐱

大蒜、肉豆蔻 🐱 🐱

菜肴中的香辛料，
即使喂了也难以察觉。

香辛料可以激发香味、增加辣味，从而令菜肴更具风味。它们的种类繁多，有干燥后的植物种子、果实和叶子，也有磨碎的香辛类蔬菜，其中部分会导致猫咪中毒。比如，汉堡肉饼等肉类料理经常用肉豆蔻来去腥，猫咪摄入后可能出现呕吐、口渴、瞳孔放大（或收缩）、心跳过快、站立或行走困难等症状[1]。

此外，摄入过量的肉桂和刺激性的香辛料可能导致猫咪肠胃不适，毕竟人类食用辣椒、青芥末[2]、黄芥末[3]、胡椒等调料时都会感到刺激。

大蒜和葱一样也会导致中毒

需要特别留心的是葱属（第32页）植物中的大蒜。对人类来说，它具有增进食欲、消除疲劳等诸多功效。但是，作为调味料在油炸食品中广泛使用的蒜末及炸鸡中的香蒜粉对猫咪不那么友好，即便少量摄入也会令它们出现中毒症状。并且，有些猫对这种与众不同的香味情有独钟，总想一尝为快。因此，与猫咪分享人类的食物前，请确保其中不含大蒜及大蒜制成的佐料。

我在接诊时甚至遇过误食大蒜蛋黄胶囊（人类服用的保健品）的猫咪，可能只吞下几粒就中毒了。当时总觉得它有些精神萎靡，虽然后来并没有出现危及生命的症状，但最好避免猫咪误食大蒜保健品。（服部医生）

[1] 参考自 APCC (2020)：When Pumpkin Spice is Not So Nice。
[2] 即以山葵为原料的绿色芥末，常见于寿司、刺身等。——译者注
[3] 即以芥菜为原料的黄色芥末，分为洋式与和式，前者用于汉堡等西餐，后者用于纳豆等传统日料。——译者注

可可

Hot Chocolate

危险等级 🐱🐱

纯可可 🐱🐱 🐱🐱

纯可可粉含有大量的
可可碱。

冬夜漫漫，想要驱散寒冷，热可可饮品是个好选择。冲泡用的可可粉和巧克力的主要原料都是可可豆，误食后的猫咪或因其中的可可碱（第 25 页）和咖啡因（第 27 页）而中毒。

用热水或牛奶稀释后的可可虽然不像巧克力那样危险，但其中的可可碱及咖啡因的含量也因商品而异。需要注意的是，与牛奶可可粉相比，纯可可粉中毒的风险更大。

每 100 克可可粉中可可碱的大致含量

- 纯可可粉（不含糖分、香料及其他添加剂的可可粉）：1.7 克
- 牛奶可可粉（辅以砂糖、奶粉及各种食品添加剂的可可粉）：0.3 克

参考自《日本食品标准成分表 2015 年版》（第七版）

以下内容仅供参考：1 杯用 5 克纯可可粉调制的热可可约含有 95 毫克令猫咪中毒的成分，其中可可碱 85 毫克（每 100 克为 1.7 克），咖啡因 10 毫克（每 100 克为 0.2 克）。每千克体重摄入量在 20 毫克左右时，猫咪会现中毒症状。换言之，体重为 3 千克的猫咪摄入量达到 60 毫克（大约三分之二杯）就会危及性命。

另一方面，虽然牛奶可可粉中的咖啡因含量极少，但是，一些喜欢牛奶的猫咪或许会大量摄入，这一点需要注意。

此外，可可粉也被用于制作可可味的烘焙点心和蛋糕。因此，除了饮料外，对食品也不可掉以轻心。

生的鱿鱼、
章鱼及虾蟹

Raw Squid, Octopus, Shrimp and Crab

危险等级 😿

鱿鱼干 😿 😿

对所含可分解维生素B1的酶，
加热可使其失活。

有的猫咪对餐桌上的生鱼片很感兴趣，或许有些主人也乐意与它们分享。但是，要牢记切勿让爱猫生食鱿鱼、章鱼及虾蟹。

这些食材中含有硫胺素酶，大量摄入后会导致猫咪缺乏维生素B1，进而出现食欲减退、呕吐、体重减轻等症状。病情严重的猫咪还会出现走路不稳等神经系统的症状。维持猫咪的健康需要大量的维生素B1，因此与狗相比，猫咪中毒时相应的症状往往"来势汹汹"。

日本有句俗语："爱吃鱿鱼的猫咪直不起腰。"考虑到鱿鱼的内脏含有极为丰富的硫胺素酶，这种传言或许也不全是迷信。话虽如此，生鱼片的危险性还远没到吃一口就中毒的程度，关键在于是否"大量""长期"食用。此外，硫胺素酶的耐热性不强，加热之后便可放心食用。

危险！鱿鱼干会在体内发胀

作为肉食性动物，猫咪能够毫无障碍地消化肉，因此即便食用不容易消化的鱿鱼和章鱼，只要不超过一定量，也不会对消化器官造成太大的负担。但是，脱水的鱿鱼干十分坚硬，容易导致消化不良。它们在胃里吸水后会膨胀到原来的10倍以上，因此极易滞留在肠胃中无法以呕吐的方式排出体外。香气扑鼻的炭烤鱿鱼干会令猫咪垂涎三尺，不过就算它们表现出极大的兴趣，各位主人也切记不要投喂。→投喂其他鱼类的注意事项见第45页

对猫咪的毒性尚不明确……

因为对狗狗有毒，
应避免投喂以下食物

危险等级：？？？

牛油果 Avocado

牛油果的叶子、果肉和种子中含有鳄梨素（persin），人类以外的动物摄入后会出现呕吐、腹泻、呼吸困难等症状，尤其是鸟类和兔子在误食后会因为心血管损伤而殒命。此外，马、绵羊和山羊也出现过中毒的病例。不过，对于猫狗来说，导致中毒的摄入量及发病征兆均不明确。总而言之，最好不要让猫接触牛油果。

木糖醇 Xylitol

被用作甜味剂的木糖醇是糖醇的一种。它能够帮助人类有效防止蛀牙，对狗却是有害的。只要 2~3 块木糖醇口香糖就能引发一只中型犬血糖降低及肝功能衰竭。美国动物中毒管理中心在 2019 年的专栏[①] 中这样描述："木糖醇对人类、猫咪和鼬无害。"话虽如此，却也没必要给猫咪喂食木糖醇。

---

① APCC (2019)：Updated Safety Warning on Xylitol: How to Protect Your Pets.

葡萄和葡萄干 Grapes, Raisins

虽然暂时不清楚葡萄和葡萄干中的有害成分是什么，但我们已经明确它会引发狗狗的急性肾衰竭。暂时没有猫咪中毒的记录。

以前为罹患肾病的猫咪检查时发现，它们虽然定期被投喂葡萄干，但致病原因到底是不是葡萄干很难判断。（服部医生）

鉴于缺乏详细的信息，因此暂不推荐给猫咪投喂这些食物。

坚果类 Nuts

夏威夷果对狗狗有害，大量喂食会令它们浑身无力（特别是后腿部）、呕吐、腹泻。由于其导致中毒的成分尚未判明，最好不要让它出现在猫咪的食谱中。此外，如杏仁、核桃、椰果和椰奶等食品富含油脂，大量摄入容易增加肠胃负担。

注：参考自 APCC (2015)：Animal Poison Control Alert: Macadamia Nuts are Toxic to Dogs。

可能危及健康……

投喂人类食物的注意事项

我们应该根据猫咪的年龄及生活方式为它们准备符合"综合营养食品"[①]标准的高质量猫粮，这是为猫咪合理安排日常饮食的基础。"综合营养食品"是指仅靠水和正餐就能维持健康的主食。对于猫咪而言，只要配餐适量，就没有必要刻意投喂人类的食物。否则，容易适得其反，不仅会破坏营养均衡，有时还会令必要的营养成分难以吸收。

不过，一些主人在爱猫食欲不振时会把干制鲣鱼当作开胃菜投喂，或是在一些值得庆祝的日子里与爱猫分享少许生鱼片。这样的光景并不少见。有的主人甚至坚持亲自下厨为爱猫准备营养均衡的猫饭。

接下来，本书将分别介绍喂食鱼类、肉类、鸡蛋、乳制品、蔬菜、水果时的注意事项。

———

① 在日本销售的猫粮狗粮分为"综合营养食品"和"一般食品"两大类，一般由日本宠物公正交易协会评定，符合标准的猫粮狗粮，其外包装会有相应的字样标识。——译者注

鱼

POINT 1

富含矿物质的小鱼干 ① 和鲕仔鱼干 ②

尿石症（即尿路结石，见第 47 页）是猫咪常见的疾病之一。经常听到预防该疾病的方法是"避免投喂（过多）富含矿物质的干制鲣鱼和小鱼干"。但这两者其实是有区别的，比较它们每 100 克的标准成分含量可以发现，小鱼干不仅在食盐相当量 ③ 上远超干制鲣鱼，其含钙量也约为后者的 78 倍（见次页表）。因此，不应将小鱼干喂给得过尿石症的猫咪及有进食限制的猫咪，即便是健康的猫咪也应将投喂量控制在每周一条左右。

风干的海鲜将美味与营养浓缩于一身。半干燥的鲕仔鱼干中的钠含量远超小鱼干。像干货、金枪鱼罐头之类的加工食品在制作时都添加了盐和添加剂。如果猫咪对它们感兴趣，尽量不要投喂太多，尤其要避免投喂那些连人类都觉得有点咸的食物。

---

① 以小型的沙丁鱼、鳀鱼、飞鱼等鱼类为主要原料制成的鱼干。——译者注

② 鲕仔（mǒ zǎi）鱼，一般是指由鳀科、鲱科鱼类的仔稚鱼，外观为银白色小鱼。——译者注

③ 日本的食品标记方法，食盐相当量是指将食品中的钠含量换算为同等钠含量的氯化钠质量。——译者注

干制鲣鱼可放心投喂

　　每 100 克干制鲣鱼的食盐相当量约在 0.3 克到 1.2 克之间，与常规的猫咪零食并没有什么区别。这要低于尿石症等患患的病号餐的食盐相当量。那么，这是否就表示可以随意投喂呢？综合营养膳食及病号餐中均已包含了猫咪所需的矿物质，喂太多反而会导致矿物质过剩。因此，当猫咪食欲不振时在猫粮中放上一小把就足够了。

每 100 克下列食品中含有的主要矿物质及食盐相当量

	钠	钾	钙	镁	磷	盐分
小鱼干	1700毫克	1200毫克	2200毫克	230毫克	1500毫克	4.3克
干制鲣鱼	130毫克	940毫克	28毫克	70毫克	790毫克	0.3克
干松鱼薄片（包装品）	480毫克	810毫克	46毫克	91毫克	680毫克	1.2克
鲚仔鱼干（微干燥）	1600毫克	210毫克	210毫克	80毫克	470毫克	4.1克
鲚仔鱼干（半干燥）	2600毫克	490毫克	520毫克	130毫克	860毫克	6.6克
正在销售的液态零食（例）	—	—	—	—	—	约0.7克
患下尿路疾病的综合营养膳食（例）			600毫克	75毫克以上	500毫克	
患肾脏疾病的病号餐（例）	452毫克	904毫克	719毫克	82毫克	411毫克	1.14克
患尿路结石的病号餐（例）	1296毫克	996毫克	870毫克	58毫克	870毫克	3.29克

※ 上述食品摘自《日本食品标准成分表 2015 版》（第七版）
※ 矿物质含量参考自食品包装和营养成分表（"—"为没有相应数据），上表及前文中的食量相当量均按钠（克）×2.54 计算
※ 零食的盐分通过盐分浓度计来测量

罹患 "草酸钙尿石症" 的猫咪正在增加

尿石症是指结石形成于肾脏及输尿管的上尿路和膀胱及尿道的下尿路中，并损伤组织的疾病。患病的猫咪常伴有尿血（有的猫咪会出现潜血[①]反应，更有甚者需要用显微镜才能发现），特别是雄性猫咪患病时，尿道被结石堵塞后容易发展为重症。

猫咪的结石主要有两种，分别为主要由镁构成的磷酸铵镁结石（鸟粪石）和主要由钙构成的草酸钙结石（草酸盐的一种）。

尿石症患猫的尿液。较为浑浊，且含有大量细砂状的 "结晶"。结晶聚合后就会形成像石头一样坚固的 "结石"。

过去，最为常见的当数鸟粪石，不过，从近年的全球趋势来说，草酸钙结石的病例正在增加。其原因暂时不明，有人指出是猫咪的饮食生活发生改变所致。为了预防这两种结石的发生，最好不要摄入过量的钙和镁。

两类主要的猫咪尿结石

鸟粪石

一般为球状。

草酸钙结石

有棱角，可能令猫咪疼痛难耐

[①] 潜血即因出血量少不会造成粪便颜色改变，需要用化学方法才能确定。——译者注

POINT 3

只喂鱼类（尤其是背部发青的鱼类[①]）易得黄色脂肪病

猫咪是一种专性肉食动物，它们自古就以捕食陆地上的鸟类或小型哺乳动物为生。但是，在日本的猫咪深受日本人的饮食文化的影响，因此"猫爱吃鱼"的印象根深蒂固。

需要注意的是，虽然鱼类是优质蛋白质的来源之一，但也富含不饱和脂肪酸，尤其在竹荚鱼、沙丁鱼、青花鱼、秋刀鱼等背部发青的鱼类中更为丰富。不饱和脂肪酸因能够改善血液循环的功效而广为人知，但另一方面，它与活性氧结合会形成过氧化脂质。不过，只要补充具有抗氧化作用的维生素 E，喂食鱼肉猫粮也无不可，但切忌只喂背部发青的鱼类而不补充维生素 E。否则，容易患上黄色脂肪病（Yellow Fat），脂肪发炎进而变色，重者致死。现在，经常给猫喂食这类鱼的家庭已经不多见了，因此这种病例也有所减少，但也最好不要经常把这类鱼分给猫咪。

POINT 4

只喂食新鲜的生鱼片

新鲜的鱼肉中含有能够分解维生素 B1 的硫胺素酶（第 41 页）。相较于狗狗，猫咪更依赖维生素 B1，长期食用新鲜的鱼肉可能导致维生素 B1 缺乏症。

并且，新鲜的鱼肉（特别是背部发青的鱼类）中还寄生着

[①] 此处非中国常见的淡水青鱼。——译者注

异尖线虫（*Anisakis*）。通过煮、烤等加热手段可以破坏硫胺素酶并杀死异尖线虫。因此，在投喂前最好充分加热。此外，变质的生鱼片会导致猫咪呕吐、腹泻。所以，投喂少量新鲜的生鱼片即可，同时也要避免沾上青芥末等刺激性极强的调料。

───── 雪卡毒素，猫咪也中招?! ─────

雪卡毒素（ciguatera fish poisoning, CFP）是指热带及亚热带珊瑚礁周边鱼类体内存在的剧毒物质。中毒后，人体会出现温感异常、关节疼痛、肌肉疼痛、瘙痒麻痹等神经系统症状，还会上吐下泻、心动过缓。此外，有报告显示猫和狗对此也极易中毒。

南太平洋的库克群岛唯一一家宠物医院名为 Esther Honey Foundation Animal Clinic。该院 6 年间（2011 年 3 月~ 2017 年 2 月）的诊疗记录显示，曾被确诊为雪卡毒素中毒的猫和狗共有 246 例，分别是狗 165 例和猫 81 例。根据记录，29% 的病例曾经食用过鱼类。它们身上频繁地出现运动失调、麻痹、腰疼等症状。此外，它们的呼吸系统和消化系统也受到了影响。

注：Michelle J. Gray & M. Carolyn Gates (2020)：A descriptive study of ciguatera fish poisoning in Cook Islands dogs and cats。

肉·蛋

肉食动物也不能只吃肉，否则会营养不良

猫咪虽然是肉食动物，可它们不会像人类一样将牛肉、鸡肉、猪肉处理得干干净净之后再进食。它们将捕获的老鼠、鸟类等体形较小的动物连同内脏和软骨一并吞下，以此来满足营养需求。例如，猫咪体内无法合成的牛磺酸（taurine）却大量存在于其他动物的内脏中。如果只给猫咪喂食内脏以外的肉，那么就无法补充维持健康所需的牛磺酸。另外，如需在猫粮的基础上增加肉类，最好不要超过总量的四分之一。

猫咪的天性是生食肉类的，不过考虑到大肠杆菌和沙门氏菌可能会引起食物中毒，还是加热之后投喂更加放心。另外，生食猪肉容易感染寄生于其中的刚地弓形虫，请务必加热后投喂。

POINT 2

肉类也会导致过敏

最近出现了很多不含谷物的"无谷"宠物食品，有的主人会因担心宠物谷物过敏而购入。对猫咪来说，不止谷物，鱼类和肉类（特别是牛肉）等动物性蛋白质也可能引起过敏。某些肉类会让猫咪出现呕吐、腹泻、瘙痒、皮炎、脱毛等症状，如有发现，请务必咨询医生。

POINT 3

喂食过多的肝脏会导致维生素 A 过量

肝脏的营养价值很高，含有大量的维生素 A。维生素 A 属于难溶于水的脂溶性维生素，长期过量摄入会导致其在肝脏中沉积，让猫咪出现骨骼异常和肌肉疼痛的症状，这种症状在颈部到前爪的部位尤为明显。人在出现贫血症状时会通过食用肝脏来改善，不过一般而言，猫咪不会患上缺铁性贫血。鼻子和牙龈微微泛白是猫咪贫血的信号，严重时会危及生命，如有发现，请立即送医。

POINT 4

生食蛋白会导致维生素 B 缺乏

对蛋类有兴趣的猫咪并不常见，但也不可放松警惕，蛋白中的抗生物素蛋白（avidin）也会危及猫咪的健康。这种物质极易与维生素 B 族中的生物素（biotin）结合从而干扰它的吸收。但是，蛋黄中的生物素极为丰富，因此吃下整个蛋的猫咪反而平安无事。

加热能令抗生物素蛋白失去活性。此外，沙门氏菌和大肠杆菌也会危及猫咪的健康，所以投喂的话最好先将蛋煮熟。

乳制品

喝牛奶容易导致腹泻

在动画和漫画中会经常见到给流浪猫和收容所的猫咪喂牛奶的场景，很多人会认为猫咪喜欢喝牛奶。但实际上，也有很多猫咪喝牛奶后会出现腹泻的症状。猫咪体内用于分解乳糖的乳糖酶（lactase）含量十分有限，因此无法完全消化并吸收乳制品中的乳糖。

为了给 2 个月大的幼猫补充营养，请投喂高蛋白、高脂肪的幼猫专用奶。如果收养了猫咪，一时之间又找不到幼猫专用奶的话，不妨投喂一点零乳糖牛奶以解燃眉之急。牛奶与蛋黄搅拌后的液体与猫咪母乳的成分极其相似。（服部医生）

有些猫咪会对乳制品过敏

偶尔会有猫咪喝了牛奶或其他乳制品后出现食物过敏的症状。当猫咪没有食欲却喜欢喝牛奶或对牛奶感兴趣时，可以先试着喂一点点，然后观察其身体情况。如出现"几分钟后呕吐""若干小时后皮肤瘙痒并长出皮疹""隔天腹泻"等情况，则应尽早送医。下面列出一些投喂要点：

- 切勿喂食冷藏牛奶，应该加热至人体体表温度后喂食。
- 在饮食充足的情况下，避免营养和热量过剩。
- 市面上有成猫专用奶和老年猫专用奶，请有效利用。

POINT 3

喂食奶酪会导致脂肪和盐分摄入过量

奶酪和牛奶一样，主要由生牛奶制成。但是，它的乳糖含量低于牛奶，因而不会像牛奶那样引发消化不良，可以说是易于消化的乳制品。一般而言，相较于牛奶，它不仅具有更为丰富的蛋白质，还富含脂肪及钠、钙等多种矿物质。美中不足的是，喂食奶酪容易导致营养成分摄入过量。如需喂食，最好选用少量的脱脂乳（即脱脂后的鲜奶）制成的乡村奶酪或低脂、低盐的猫咪奶酪零食。

POINT 4

酸奶也有乳糖

人们经常认为"酸奶中的乳糖已被分解，因此猫咪也能喝"。实际上，未标明零乳糖的普通酸奶仍含有尚未完全分解的乳糖。即便是微量的乳糖，也会让乳糖不耐的猫咪腹泻。酸奶中的乳酸菌具有改善肠道环境的优点，有很多猫咪都喜欢饮用，喂的话不妨先让它们舔一口试试。投喂时，为避免糖分摄入过量建议选用无糖的原味酸奶。

顺带一提，有人提出酸奶具有预防宠物口臭的功效，但兽医学并未证实这一观点。口臭或许是因为牙周病或肾脏类疾病，因此发现口臭应该尽早就医。

蔬菜·水果

POINT 1

菠菜和小松菜含有大量草酸

像菠菜及小松菜这样富含草酸的绿色蔬菜，摄入过量会导致猫咪患上草酸钙结石（第 47 页），这也是猫咪体内常见的结石之一。虽然焯水后过滤可以去除部分草酸，但也不宜长期投喂。

POINT 2

有的水果极易导致过敏

就像有些人会对桃、杧果、菠萝等特定水果过敏一样，有些水果也会导致猫咪出现呕吐、腹泻、瘙痒、湿疹等症状。投喂水果的话应先从少量开始，并观察猫咪是否出现异常反应。同时注意不要投喂太多，否则将会导致摄入的糖分超标。

POINT 3

柑橘类的橘皮中含有精油

许多猫咪不喜欢柑橘类的香气，即使它们对柑橘和柠檬有很大兴趣，却不喜欢柑橘类的气味。因此，大部分情况下即便喂了，猫咪也不见得会吃。柑橘类果皮的精油含有一种名为右旋柠烯（D-limonene）的成分，动物误食后会出现轻微的肠胃不适。安全起见，最好注意不要让猫咪误食橘皮制成的果酱。此外，柑橘味的清洁类产品中也含有被用作芳香剂的柠烯。

POINT 4

关于猫咪中毒，我们所知有限

众所周知，葱类（第 32 页）及茄科植物尚未成熟的果实（第 71 页）会导致猫咪中毒。但是，还有很多人不知道蔬菜和水果给猫咪造成的影响，以及实际的病例。不过，我们或许能采用下列方法判别那些对猫咪有害的植物。以榕属植物为例，有报告指出：

①猫咪食用榕属（垂叶榕，第 87 页）植物后，肠胃和皮肤会出现炎症。

②这种植物的果实含有可引发光毒性反应的呋喃并香豆素（furocoumarin），人类食用后，皮肤会受到刺激，出现炎症。

基于上述报告，我们可以得出"猫咪食用其果实可能会中毒"的结论。因此，保险起见最好让爱猫远离下列蔬果。

含有致毒成分的果蔬

- 葡萄（全体）→第 43 页
- 杏、木瓜、枇杷、梅、桃、李子、樱桃的种子及未成熟的果实→第 30 页
- 芋头、土豆：含有草酸钙，其汁液会引起皮炎。
- 鸭儿芹：含有未知的过敏原，大面积接触会引起皮炎。
- 芦笋：汁液会引起皮炎。
- 银杏（果仁）：含有致毒成分银杏毒素（ginkgotoxin）。
- 刀豆：种子里含有叫作刀豆氨酸（canavanine）的氨基酸和伴刀豆球蛋白 A（concanavalin A）等。

第2章

猫咪绝不能接触的危险植物

猫咪是典型的肉食动物，它们的肝脏无法排出植物中的生物碱（alkaloid）、糖苷（glycoside）、皂苷（saponin）等成分，误食之后极易中毒。目前，导致猫中毒的植物信息主要来源于一些国家的报告及文献。于是，编者网罗了一些在日本颇为流行的花卉及其他植物的信息，并将其汇总成"猫咪不能接触的危险植物图鉴"，供主人参考。

避免猫咪"祸从口入"的基本方法

- 有报告指出，植物中毒的猫咪中的一半年龄都在1岁以下。猫咪对植物的态度存在显著的个体差异及年龄差异。主人需要摸清它们的真实意图并妥善应对。
- 防止猫咪误食植物的有毒部位还不够，最好让猫咪尽量远离有毒植物。无论猫咪是否感兴趣，仅是花粉或花瓶中的水也能令它们中毒，尤其不要将百合（第58页）这种尝一口就有中毒危险的植物带入室内。

关于危险等级 🐱

不难想象，今后关于植物中毒的信息一定会越来越多，不过根据目前的资料，我们暂时用 🐱 🐱 🐱 表示那些高危植物。这是编者综合考量的结果，判断依据包括：国外文献 [1] 提及的中毒风险较高的植物、中毒后容易发展为重症的植物、中毒后出现过死亡病例的植物、在日本较为常见且颇为流行的植物等。

---

[1] Gary D. Norsworthy (2010): *The Feline Patient 4th.Edition.*

百合

Lily

危险等级 🐱🐱🐱

学名	*Lilium* spp. & cvs.
分类	百合科/百合属
有毒部位	所有部位（包括花粉）

极为常见+毒性MAX=

猫咪的"催命符"。

百合绝对是养猫家庭中不应出现的代表性植物。在一项针对 172 名医生的问卷调查①中，有 34 人遇到过猫咪误食观赏百合的病例，其中 12 人表示"就诊的猫咪因此而丧命"。在所有植物中，百合中毒的就诊率和死亡率均属最高。

得益于杂交技术，诸多百合品种不断问世。除花店热销的观赏百合外，天香百合（lilium auratum）、美丽百合（lilium speciosum）等自然起源的百合属花卉，对猫咪也具有极强的毒性，非常危险。

造成急性肾衰竭，甚至危及生命

百合的致毒成分至今不明，据说猫咪只要啃咬 1~2 片叶子或吞食少许花瓣，3 个小时内就会呕吐。甚至一些没有直接接触百合的行为也会导致中毒，如梳理毛发时舔舐了身上沾染的花粉，饮用了插有百合的花瓶里的水。

百合中毒后还会出现情绪低落、食欲不振、精神萎靡、意识不清、多饮、多尿等症状，有的猫咪还会患上皮肤炎和胰腺炎。如果出现急性肾衰竭，猫咪甚至会因此丧命。

此外，曾经属于百合科的萱草属（hemerocallis）植物和百合一样，所有部位都带有毒性。误食的猫咪会患上急性肾衰竭。因此，无论是百合还是萱草属，一旦发现猫咪误食，请立刻送医。

注：以上参考自 APCC：*How to Spot Which Lilies are Dangerous to Cats & Plan Treatments*。

---

① Anicom 集团于 2011 年针对医生实施的一项问卷调查。调查致死率为 35%，即 12（误食百合致死的病例）÷ 34（误食百合就诊的病例）× 100%。

第 2 章　猫咪绝不能接触的危险植物

郁金香

Tulip

危险等级 🐱 🐱 🐱

学名	*Tulipa* spp. & cvs.
分类	百合科/郁金香属
有毒部位	所有部位（尤其是鳞茎）

不仅含有心脏毒性成分，
还可能引发急性肾衰竭。

百合科植物郁金香是代表春天的花卉，但对猫咪来说也是最致命的毒药。特别是它的鳞茎，含有大量心脏毒性成分——郁金香素。日本曾有狗大量吞食郁金香的鳞茎后导致呕吐、吐血的病例[①]。实际上，猫咪也不例外，误食会导致它们患上肠胃炎症，出现流涎、肌肉抽搐、心律异常等症状。就算没有直接啃食鳞茎，从插有郁金香的花瓶中饮水也有中毒的风险。

此外，郁金香中含有过敏原物质郁金香素 A 和 B（tulipalin A and B），人类在长期接触后也会患上皮炎。这种毒素同样大量存在于鳞茎。

误食后死亡的猫咪案例

郁金香会对猫咪的肾功能造成影响，但无法证明是郁金香素所致。2018 年，英国一只猫咪误食郁金香后死于急性肾衰竭。主人给坐在郁金香花瓶旁边的爱猫拍了照片并上传到社交网站。第二天，主人察觉到爱猫一瘸一拐，立刻将其送医，结果还是没能挽回爱猫的生命。此时距离上传照片还不到 1 天。虽然主人知道百合有毒，却对郁金香的危害一无所知[②]，对此追悔莫及。

时至今日，爱猫的照片随处可见，但是它的身影早已无处可寻。为了避免这种悲剧再次发生，请各位主人千万注意不要让猫咪接触郁金香或饮用其花瓶中的水。

---

① 《一只狗的郁金香中毒病例》（日本医生生命科学大学医生保健护理学科临床类 / 宠物营养学会会刊、2016）。
② 参考自 THE SUN: KILLED BY TULIPS Mum posts 'cute' pic of beloved cat posing next to tulips – only for flowers to kill pet 24 hours later。

天南星科植物

Family Araceae

危险等级

学名	*Family Araceae*
分类	天南星科
有毒部位	所有部位,一般来说草酸钙结晶集中在茎部(有些品种则是叶子)

白鹤芋
Peace Lily

学名	*Spathiphyllum* spp. & cvs.
分类	天南星科/白鹤芋属(或称为苞叶芋属)

蔓绿绒
Philodendron

学名　*Philodendron* spp. & cvs.

分类　天南星科 / 喜林芋属

注：花叶中的草酸钙尤为丰富

花叶万年青
Dieffenbachia

学名　*Dieffenbachia* spp. & cvs.

分类　天南星科 / 黛粉芋属

　　许多天南星科的成员都是颇受欢迎的室内观叶植物，但大多对猫咪十分危险。天南星科植物都含有草酸钙结晶，会刺激猫咪的口腔黏膜，进而引发炎症，并伴有灼烧般的疼痛。此外，常见的症状还有流涎、吞咽困难等[1]。严重时会出现肾功能衰竭、中枢神经异常等症状，其中似乎也有些不为人知的酶在作怪。需要注意的是，第62~63页提到的3种植物极易令猫咪中毒。

---

[1]　参考自 Gary D. Norsworthy (2010)：*The Feline patient*。

这些天南星科
植物也
需要警惕！

广东万年青
Chinese Evergreen

学名　*Aglaonema* spp. & cvs.

分类　天南星科/广东万年青属
　　　（粗肋草属）

观赏海芋
Alocasia

学名　*Alocasia* spp.

分类　天南星科/海芋属

马蹄莲
Calla Lily

学名　*Zantedeschia* spp.

分类　天南星科/马蹄莲属

注：草酸钙集中于裸露在外的花朵和花叶上

五彩芋
Caladium

学名　*Caladium bicolor*
　　　(Caladium x hortulanum)

分类　天南星科 / 花叶芋属

合果芋
Arrowhead Vine

学名　*Syngonium podophyllum*

分类　天南星科 / 合果芋属

绿萝
Pothos

学名　*Epipremnum aureum*

分类　天南星科 / 麒麟叶属

龟背竹
Monstera

学名　*Monstera deliciosa*

分类　天南星科 / 龟背竹属

常春藤

Ivy

危险等级 🐱🐱🐱		
学名		*Hedera* spp.
分类		五加科/常春藤属
有毒部位		叶子、果实 （叶子的毒性较强）

　　常春藤不仅家喻户晓，连它的拉丁学名"Hedera"都广为人知，其中最具代表性的洋常春藤更是颇受欢迎的园艺植物。常春藤中的常春藤皂苷（hederin，一种苷类）和镰叶芹醇（falcarinol）具有较强的刺激性。猫咪误食后会出现呕吐、腹泻、肠胃或皮肤炎症、流涎、口渴等症状。还有的猫咪可能陷入极度亢奋或呼吸困难的状态。

鹅掌柴属植物

（鹅掌藤、辐叶鹅掌柴等）

Schefflera

危险等级

学名	*Schefflera* spp.
分类	五加科/鹅掌柴属
有毒部位	叶子

鹅掌藤（Schefflera arboricola）与常春藤同属五加科，在日本被称作"依附鹅掌柴而生的植物"，同时也是一种热门的观叶植物。因其含有草酸钙结晶和镰叶芹醇，猫咪误食后，口腔、唇舌等部位会感到犹如灼烧般的激烈疼痛，并引发炎症。此外，还会导致流涎、呕吐、吞咽困难等症状。

毛茛科植物

Family Ranunculaceae

危险等级

花毛茛

Garden Ranunculus

学名　*Ranunculus* spp.

分类　毛茛科/毛茛属

对于猫咪而言，除了危险性极高的毛茛属原生物种（buttercup），花瓣层层叠叠的栽培变种也不容小觑。它们的所有部位（尤其是嫩叶和根茎）都含有原白头翁素（protoanemonin）。这种油性苷类具有刺激性，不仅会导致口腔的疼痛和炎症，还会导致呕吐、腹泻、肠胃炎症。在花毛茛开花时，原白头翁素的浓度会显著上升。

翠雀花

Delphinium

学名　*Delphinium* spp. & hybrids

分类　毛茛科/翠雀属

种子和幼苗中的生物碱飞燕草素（delphinine）能够麻痹神经，还会引发便秘、腹痛、流涎、肌肉震颤、虚弱、抽搐等症状，甚至有呼吸麻痹、心律失常的风险。

剧毒的毛茛科植物十分常见，因毒性之强而闻名在外的乌头和辽吉侧金盏花亦是其中的一员。这里介绍的常见植物对家猫也具有一定危害。此外，要注意让猫咪避免接触的毛茛科植物还包括铁线莲、欧洲银莲花、钩柱毛茛等。

飞燕草
Larkspur

学名	*Consolida ajacis* （*Consolida ambigua*）
分类	毛茛科/飞燕草属

种子和生长在地表的部分含有洋翠雀碱（ajaconine）、飞燕草辛（ajacine）等生物碱，误食后的症状与翠雀花相同。

暗叶铁筷子
Christmas Rose

学名	*Helleborus niger*
分类	毛茛科/铁筷子属

除原白头翁素外，这种植物还含有多种剧毒的强心苷。它们的所有部位均带有毒性，根部的毒素尤为多。中毒症状包括口腔和腹部疼痛、呕吐、腹泻等。此外，它还会影响循环系统，晚期症状包括心律不齐、血压降低、心脏麻痹等。

茄科植物

Family Solanaceae

危险等级 😾😾😾

学名	*Family Solanaceae*
分类	茄科
有毒部位	所有部位（尤以未成熟的果实和叶子为最）

龙葵

Nightshade

学名 *Solanum nigrum*

分类 茄科 / 茄属

英语中具有"Nightshade（夜幕）"称呼的植物龙葵，它的致毒成分叫茄碱（solanine）。并且，同为茄科的银叶茄（Solanum elaeagnifolium）也具有剧毒，即便摄入量只有体重的0.1%也会出现中毒症状。中毒较深会出现肠胃不适、身体不协调、虚弱无力等症状。

鸳鸯茉莉
Yesterday, Today, Tomorrow

学名　*Brunfelsia* spp.

分类　茄科 / 鸳鸯茉莉属

虽然从它的英文名就可以感受到芳香扑鼻的浪漫情怀，果实中的神经毒素——番茉莉胩（brunfelsamidine）却足以令我们望而却步。中毒的症状表现为眼球震颤、突发性震颤，中毒较深或许会因此而殒命。

部分茄科植物含有胆碱酯酶（cholinesterase）抑制剂，猫咪误食后，会出现呕吐、腹泻、瞳孔放大、运动失调、虚弱无力等症状。有文献指出误食龙葵和鸳鸯茉莉极易造成胆碱酯酶抑制剂中毒[1]。

这种茄科植物也需要警惕

土豆
Potato

学名　*Solanum tuberosum*

分类　茄科 / 茄属

一般来说，作为食材的部分是安全的。但是，土豆叶、嫩芽及表面发绿的部分含有对神经系统有害的茄碱，人类误食而中毒的案例也不在少数。日本主要的土豆品种为五月女王和男爵土豆，其中男爵土豆的有毒成分相对较少。

---

[1]　Gary D. Norsworthy (2010)：*The Feline Patient.4th Edition.*

这些茄科植物也需要警惕

西红柿
Tomato

学名　*Solanum lycopersicum*

分类　茄科 / 茄属

作为阳台菜园的热门蔬菜之一，它的茎叶及未成熟的果实中含有一种类似茄碱的糖苷生物碱——番茄素（Tomatine）。它的中毒症状表现为消化异常、情绪低落、瞳孔放大等。

挂金灯
Chinese Lantern Plant

学名　*Physalis alkekengi* var. *franchetii*

分类　茄科 / 酸浆属

泛青的未成熟果实和叶子中含有茄碱和阿托品（Atropine）。日本习惯在盂兰盆节期间于佛龛上供上少许挂金灯，或悬于屋檐当作饰物。

木曼陀罗属、曼陀罗属的植物
Angel's Trumpets, Datura

学名　*Brugmansia* spp. , *Datura* spp.

分类　茄科 / 木曼陀罗属、曼陀罗属

所有部位均有毒素，其中的莨菪碱（Hyoscyamine）等物质能够抑制副交感神经，同时刺激中枢神经使其兴奋。中毒症状表现为瞳孔放大、极度兴奋、心跳加速等。另外，曼陀罗属植物的种子也含有高浓度的毒素。

仙客来

Cyclamen

危险等级 😿 😿 😿

学名	*Cyclamen persicum*
分类	报春花科/仙客来属
有毒部位	所有部位（特别是鳞茎）

　　仙客来以色彩斑斓、鲜艳夺目的花色博得人们的喜爱，尤其是在冬季，它们如同冬日的风景般出现在大街小巷。导致猫咪中毒的仙客来皂苷（cyclamin）集中在它的块茎。大量啃食会造成强烈的呕吐、消化道炎症、心律失常、抽搐等症状，甚至可能危及生命。

铃兰

Lily of the Valley

危险等级 😿😿😿

学名	*Convallaria majalis*
分类	天门冬科/铃兰属
有毒部位	所有部位（尤其是花朵、根部、根茎）

　　可爱的外表之下却隐藏着致命剧毒。以铃兰毒苷（convalla-toxin）为代表的多种强心苷，多被用于心脏病治疗中。由于铃兰毒苷易溶于水，饮用插有铃兰花瓶中的水也有中毒的危险。一般症状为呕吐、腹泻（有时伴有出血），中毒较深将出现心动过缓、心律不齐等症状，最坏的情况可能会因心力衰竭而死。

杜鹃花属植物

（杜鹃花、映山红、羊踯躅、皋月杜鹃等）

Azalea

危险等级 ✕✕ ✕✕ ✕✕

学名	*Rhododendron* spp. & hybrids
分类	杜鹃花科／杜鹃花属
有毒部位	所有部位（特别是花蜜和叶子）

　　杜鹃花科特有的剧毒成分——木藜芦毒素（grayanotoxin）遍布植株的全身，叶子和花蜜中的含量尤其多。据说，花蜜的摄入量达到3毫升／千克、叶子的摄入量达到体重的0.2%时就会损害健康。猫咪误食后容易连续多次呕吐，进而引发误咽。此外还会出现心律不齐、抽搐、运动失调、情绪低落等症状。值得一提的是，羊踯躅及杜鹃花科的马醉木更是以毒草而知名。

南天竹

Nandina

危险等级 ✖✖ ✖✖ ✖✖

学名	*Nandina domestica*
分类	小檗科/南天竹属
有毒部位	所有部位（特别是果实和叶子）

　　南天竹是象征着峰回路转、柳暗花明的吉祥植物，因此经常出现在日本的节日料理及新年装饰中。其果实含有的南天竹种碱（domestine）也被用作润喉糖的原料之一。猫咪误食后可能会出现虚弱无力、运动障碍、抽搐、呼吸衰竭等症状。此外，叶子还含有剧毒物质南天竹碱（nandinine）。新年前后，有些宠物医院会停止营业，因此要注意不要让猫咪在这个期间误食。

秋水仙

Autumn Crocus

危险等级 😿 😿 😿

学名	*Colchicum autumnale*
分类	秋水仙科/秋水仙属
有毒部位	所有部位（尤其是花、鳞茎、种子）

　　秋水仙含有剧毒生物碱"秋水仙碱（colchicine）"，能够阻断细胞分裂，因此被广泛应用于人类的痛风药中。猫咪误食的初期症状包括腹痛、口腔及咽部疼痛（有灼烧感）、呕吐、腹泻（带血）、麻痹、抽搐、呼吸困难等。重症主要表现为多器官衰竭。不仅是猫咪，人类也有误食秋水仙后中毒死亡的案例。

伽蓝菜

Kalanchoe

危险等级 😿 😿 😿

学名	*Kalanchoe* spp.
分类	景天科 / 伽蓝菜属
有毒部位	所有部位（特别是花）

　　用于观赏的伽蓝菜是花店中一年四季都会出现的花卉。它们含有强心苷——蟾蜍二烯内酯（Bufadienolide）类化合物，会导致猫咪出现呕吐、腹泻、运动失调、震颤等症状，甚至有猝死的风险，尤其以大叶落地生根这类伽蓝菜[1]的毒性最强[2]。

---

[1] 大叶落地生根原属于景天科落地生根属，根据最新植物分类学研究，落地生根属已归入伽蓝菜属。——编者注

[2] 参考自 Gary D. Norsworthy (2010): *The Feline patient.4th Edition*。

毛地黄

Foxglove

危险等级 🐱🐱🐱

学名	*Digitalis purpurea*
分类	车前科/毛地黄属
有毒部位	所有部位（特别是花、果实、嫩叶）

　　在欧洲以毒草而闻名的毛地黄含有毛地黄毒苷（digitoxin）等多种强心苷类。猫咪误食会出现呕吐、腹泻等症状，随后还会出现心动过缓、心律失常、心力衰竭等症状。也有人类中毒后发展为重症甚至死亡的案例。洋地黄①制剂"地高辛片"可用于治疗心力衰竭，但是主要原料来自毛地黄属的另一位成员狭叶毛地黄。

---

① 毛地黄作为药材时经常被称为洋地黄。——译者注

苏铁

Sago Palm, Fern Palm

危险等级 😿😿😿😿

学名	*Cycas revoluta*
分类	苏铁科 / 苏铁属
有毒部位	所有部位（特别是种子）

苏铁苷（cycasin）等多种苷类会损伤猫咪的肝脏及神经，导致它们呕吐、肠胃炎、黄疸、昏迷不醒，甚至还会引发致命的肝功能障碍。有报告指出，误食苏铁的动物中，50%~75% 会因此丧命[1]。如果误食的是毒性较强的种子，只是 1~2 粒就能致命。

---

[1] APCC (2015)：Animal Poison Control Alert：Beware of Sago Palms.

夹竹桃

Oleander

学名	*Nerium oleander*
分类	夹竹桃科/夹竹桃属
有毒部位	所有部位（特别是乳白色汁液、种子，枯叶也需注意）

危险等级

在日本，能够有效吸收汽车尾气的夹竹桃被广泛种植于公园及大路两旁。夹竹桃含有会引发心脏毒性的强心苷——欧夹竹桃苷（oleandrin）。猫咪误食后会出现呕吐、腹泻（有时带血）、心律不齐等症状。过去也出现过人类中毒致死的病例，成年人口服夹竹桃叶的致死量为5~15片。如果是猫咪的话，大概一片就能令它们遭遇生命危险吧。另外，除了夹竹桃，我们还要警惕同科的长春花，以及鸡蛋花属植物。

红豆杉

Yew

学名	*Taxus* spp.
分类	红豆杉科/红豆杉属
有毒部位	所有部位（除果肉外）

危险等级 ❌❌ ❌❌ ❌❌

  红豆杉的赤红色胶状的假种皮甘甜怡人，可以食用，但里面的种子却含有名为紫杉碱（taxine）的剧毒。这是一种能够影响心脏机能的生物碱，不仅会导致猫咪出现呕吐等消化系统症状，还会令它们肌肉无力、瞳孔放大。重症容易导致呼吸困难、心律不齐，甚至有猝死的风险。

蓖麻

Castor Bean

危险等级 😿 😿 😿

学名	*Ricinus communis*
分类	大戟科 / 蓖麻属
有毒部位	所有部位（特别是种子）

　　长久以来，用蓖麻籽提炼而成的"蓖麻油"一直被用于润滑油、美容液、泻药等产品中。蓖麻籽具有较强的毒性，只需一粒就可能令一只中型犬一命呜呼。导致中毒的物质是一种叫作蓖麻毒蛋白（ricin）的毒蛋白，它可以破坏细胞结构。猫咪误食后会发绀、抽搐、运动失调，甚至出现肾功能障碍。出现上述症状大概需要 12 小时到 3 天不等。

牵牛花
Morning Glory

学名　*Ipomoea nil*（牵牛）、*Ipomoea tricolor*（三色牵牛）等

分类　旋花科/番薯属

危险等级

很多幼儿园或小学都会在上课时带着小朋友们一起种植牵牛花。牵牛花的种子里含有一种可致人腹泻的成分——牵牛子苷（pharbitin）。猫咪误食后会引起呕吐等反应，大量摄入甚至会产生幻觉。

绣球
Hydrangea

学名　*Hydrangea macrophylla*

分类　绣球花科/绣球属

危险等级

绣球花的叶、根部及花蕾均含有大量毒素，误食会引发呕吐、腹泻、肠胃炎等。原先人们以为是其中的氰化物所致，但目前这个结论似乎有所动摇。一些加入绣球花叶的料理甚至会导致集体中毒事件。

具刺非洲天门冬

Asparagus Fern

学名　*Asparagus densiflorus* 'Sprengeri'

分类　天门冬科/天门冬属

危险等级

　　人气极高的观叶植物具刺非洲天门冬是非洲天门冬的栽培品种之一。频繁接触会导致皮肤炎症。误食其果实可能出现呕吐、腹泻、腹痛的症状。

朱顶红

Amaryllis

学名　*Hippeastrum* spp.

分类　石蒜科/朱顶红属

危险等级

　　与石蒜和水仙相同，朱顶红也含有石蒜碱（lycorine）等多种生物碱，其鳞茎部分的含量尤为丰富。误食会导致呕吐、腹泻、食欲不振、腹痛、过度呼吸、情绪低落、震颤等症状。

鸢尾属植物

（溪荪、花菖蒲、鸢尾、燕子花等）

Iris

学名　*Iris* spp. & hybrids

分类　鸢尾科 / 鸢尾属

危险等级

日本的溪荪（*iris sanguinea*）及其他鸢尾属植物均含有多种对猫咪有毒的生物碱，尤其是它们的根茎含有多种以野鸢尾黄素（irigenin）为代表的高浓度生物碱。误食会导致猫咪出现流涎、呕吐、腹泻、精神萎靡等症状。

芦荟

Aloe

学名　*Aloe arborescens*（木立芦荟）、*Aloe vera*（芦荟）

分类　阿福花科 / 芦荟属

危险等级

含有泻药的成分，误食会引发呕吐、腹泻、精神萎靡等症状。芦荟经常被当作食材或一些外敷软膏的替代品。不过，美国动物中毒管理中心认为，无论是内服还是外用都不建议给猫咪使用。

榕属植物
（垂叶榕、橡皮树等）

Figs

学名　*Ficus benjamina*（垂叶榕）、
　　　Ficus elastica（印度榕）等

分类　桑科/榕属

危险等级

　　榕属植物中的印度榕是一种颇受欢迎的观叶植物。它的乳液中含有无花果蛋白酶（ficin）、补骨脂素（ficusin）和携带光毒性的呋喃香豆素（furanocoumarin）类化合物。误食后会引发肠胃和皮肤的炎症。

紫茉莉

Four o'clock

学名　*Mirabilis jalapa*

分类　紫茉莉科/紫茉莉属

危险等级

　　紫茉莉的根部及黑色的果实内部具有白色粉末，故在日本被称为白粉花。这些部位含有一种名为葫芦巴碱（trigonelline）的生物碱，误食后会导致呕吐、腹泻及神经系统的诸多症状。

康乃馨

（香石竹）

Carnation

学名　*Dianthus caryophyllus*

分类　石竹科/石竹属

危险等级

据推测，成分不明的毒素主要集中在康乃馨的叶中，猫咪误食后会导致消化系统的轻微不适及皮肤炎症。如果需在母亲节送上康乃馨，请提醒母亲不要让猫咪靠近。→用以替代康乃馨的花朵见第 96 页

燕子掌

Jade Plant

学名　*Crassula ovata*

分类　景天科/青锁龙属

危险等级

误食后会出现呕吐、腹泻、轻微的肠胃炎症等症状。有些猫咪还会出现精神萎靡、震颤、心动过速等症状。与狗相比，猫咪好像对此类植物更为敏感，但陷入病危的情况并不多见。

桔梗

Balloon Flower

学名　*Platycodon grandiflorus*

分类　桔梗科 / 桔梗属

危险等级

　　桔梗是广泛分布于东亚的多年生草本植物，人类利用"桔梗根"做成韩式拌菜或入药。此外，桔梗的所有部位均含有皂苷，猫咪误食后会出现呕吐、腹泻的症状，并出现溶血反应。

菊科植物

Family Asteraceae

学名　Family Asteraceae（菊属 *Chrysanthemum*、木茼蒿属 *Argyranthemum* 等）

分类　菊科

危险等级

　　菊科植物含有一种土木香内酯（alantolactone）的成分，会引发皮肤炎症。据说很多洋菊①对猫咪都是有毒的。不过，所有菊科植物都含有土木香内酯，因此对和菊也不能疏忽大意。

---

① 日本将西欧培育的菊花称为洋菊，相对地，在日本育种并发展而来的菊花为和菊。——译者注

虎尾兰

Mother-in-Law's Tongue

学名　*Dracaena trifasciata*

分类　天门冬科/虎尾兰属

危险等级

　　虎尾兰具有净化室内空气的作用，也是热门的室内观叶植物。它们含有的皂苷可能导致误食的猫咪呕吐、腹泻。

山黧豆

Sweet Pea

学名　*Lathyrus* spp.

分类　豆科/山黧豆属

危险等级

　　与多花紫藤同为豆科植物的山黧豆，也有很强的毒性。它的所有部位均带有毒素，尤其是果实和种子中的氨基丙腈（Aminopropionitrile）会导致猫咪出现精神萎靡、虚弱无力、震颤抽搐等症状。

水仙
Narcissus

学名　*Narcissus* spp. & cvs.

分类　石蒜科/水仙属

危险等级

　　水仙的所有部位均带有毒性，尤其是鳞茎中的石蒜碱会导致猫咪呕吐、腹泻，大量摄入容易引发抽搐和心律不齐。人类容易将水仙的叶子和鳞茎误认为韭菜和洋葱，因此而中毒。

欧洲枸骨
English Holly

学名　*Ilex aquifolium*

分类　冬青科/冬青属

危险等级

　　冬青属植物带有毒性，用于观赏的欧洲枸骨便是其中之一。它们的叶子和果实中含有皂苷及其他有毒的化合物，中毒的猫咪会出现流涎、呕吐、腹泻、食欲不振等症状。

天竺葵
Geranium

学名　*Pelargonium* spp.

分类　牻牛儿苗科 / 天竺葵属

危险等级

　　绚烂的天竺葵在一年四季看起来都很赏心悦目。不过，它们也会导致猫咪出现呕吐、食欲不振、情绪低落、皮肤发炎等症状。因此，天竺葵属的花卉都是主人需要注意的对象。

龙血树
Dracaena

学名　*Dracaena* spp.

分类　天门冬科 / 龙血树属

危险等级

　　龙血树属囊括了 50 余种人气颇高的观叶植物，但它们都含有皂苷。猫咪误食后瞳孔会扩大，并出现呕吐（有时带血）、情绪低落、食欲不振、流涎等症状。

风信子

Hyacinth

学名	*Hyacinthus orientalis*

分类	天门冬科/风信子属

危险等级

风信子的所有部位均带有毒性，特别是鳞茎含有石蒜碱。这种生物碱也出现在水仙中。中毒会引发包括激烈的呕吐、腹泻（有时带血）、情绪低落、震颤等症状。

多花紫藤

Wisteria

学名	*Wisteria floribunda*

分类	豆科/紫藤属

危险等级

日语中的"藤"一般指多花紫藤。这种植物的所有部位均有毒性，尤其需要注意的是果实和种子。其中的苷类化合物紫藤苷（wistarin）会令误食的猫咪出现呕吐（有时带血）、腹泻和情绪低落的症状。

一品红
Poinsettia

学名　*Euphorbia pulcherrima*

分类　大戟科 / 大戟属

危险等级

　　一品红是冬季常见的节日装饰性植物。猫咪误食茎和叶中的乳汁会刺激口腔和胃部，有时也会导致呕吐。很多主人都知道一品红对于猫咪的毒性，但是也有文献指出，人们或许夸大了它的危害[1]。

桉树
Eucalyptus

学名　*Eucalyptus* spp.

分类　桃金娘科 / 桉属

危险等级

　　桉树不仅是热门的观叶植物，它的芬芳香气也煞是迷人。但是，其中用于生产精油的成分桉油精（eucalyptol）会导致猫咪中毒。误食后会出现呕吐、腹泻、情绪低落、虚弱无力等症状。

---

[1]　Petra A. Volmer (APCC,2002)：How dangerous are winter and spring holiday plants to pets?

丝兰

Yucca

学名　*Yucca* spp.

分类　天门冬科 / 丝兰属

危险等级

　　在观叶植物中，被称作"青年之木"的象腿丝兰（*Yucca gigantea*）等丝兰属植物备受好评。不过，它们也可能会令误食的猫咪呕吐不止。

还有许多本章中未提及的植物，也可能导致人类中毒（毒芹、东莨菪、日本马桑、罂粟等）。或许，它们并没有令猫咪中毒的先例，但是请各位主人不妨这样想想，连人类都会中毒的植物，体形较小的猫咪误食了怎么可能平安无事呢？因此，千万不要让猫咪靠近这些植物。

之前看了些危险的植物，那么

哪些植物对猫咪是"安全的"呢？

有关室内观赏植物令猫咪中毒的消息和报告依然层出不穷。一些看似安全的植物或许会在今后的中毒事件中被发现带有毒性。因此，对于主人而言，最理想、最稳妥的的方法就是"避免将观叶植物或鲜花带入猫咪生活的房间"。

然而，有时我们难免会将一些花卉带入家中，比如献给已故爱猫的鲜花、因送别会或一些喜事而收到的鲜花等。美国动物中毒管理中心在专栏中列举了一些"母亲节专用鲜花"，供饲养宠物的家庭参考。

- 蔷薇
- 非洲菊
- 向日葵
- 兰花（国兰、石斛、文心兰、蝴蝶兰等）
- 金鱼草
- 小苍兰
- 补血草/星辰花
- 耳药藤
- 紫罗兰
- 蜡花
- 洋桔梗

注：以上引自 APCC (2020): Mother's Day Bouquets: What's Safe for Pets?

这些花会引起轻微的肠胃不适，因此它们也并非"安全"，确切地说应该是"对猫咪的影响相对较小"。即便中毒的风险较低，也容易被蔷薇之类带刺的植物刺伤。因此，如果你的猫咪对这些植物充满兴趣，那么最好想办法让它离远些。

哪些植物是猫咪的"心头好"？

令猫咪欲罢不能的猫草、木天蓼、猫薄荷也会引起它们的不适，这取决于投喂方式和猫咪的体质。

●猫草

猫草是指燕麦、小麦、大麦等猫咪喜欢的禾本科谷物嫩叶。如果猫咪需要，投喂一些也无妨，但是，一次喂太多也可能引起消化不良。对于贪吃的猫，应注意调整投喂方式，比如切成小份投喂。

●木天蓼（葛枣猕猴桃）

根据报告，对猫薄荷不理不睬的猫咪中有 75% 会对木天蓼产生兴趣。不过，木天蓼会令猫咪极度兴奋，这容易导致它们做出攻击性行为或出现呼吸困难的症状。因此，最好先让它们闻一闻少许的木天蓼粉。此外，还要避免让猫咪直接吞食木蓼的果实，因为干燥的木天蓼果实会在猫咪的胃中膨胀，甚至引发肠梗阻。啃食木天蓼棒同样是危险的。

●猫薄荷（荆芥）

有些猫会对猫薄荷毫无反应，也有些猫会异常兴奋，甚至还有些猫会出现呕吐、腹泻的症状。关于投喂方式，美国医生协会猫咪医院的医生建议将其当成"2 周 ~ 3 周投喂一次的小点心即可"。

注：以参考自 Sebastiaan Bol 等 (2017): Responsiveness of cats to silver vine, Tatarian honeysuckle, valerian and catnip 和 Jon Patch (2012)：AVMA's latest podcast addresses cats' love for Nepeta cataria。

第**3**章 猫咪不能碰的家庭用品（误食篇）

曾经，被放养的家猫总是自由地穿梭于家中和室外。随着时代的变迁，如今人们已经习惯于将猫咪完全养在室内。因此，各种常见的家庭用品自然成了它们最容易误食的东西。随着人们的生活越来越方便，我们的日常生活中也出现了很多新材料，猫咪容易误食的物品也在不断变化。

避免猫咪"祸从口入"的基本方法

- 尽量收起家中物品，利用有盖或带锁的收纳箱让猫咪无法轻易打开，这样会更安心。
- 蹲下身子从猫咪的视角扫视地面，确保室内的地面没有掉落容易被猫咪误食的异物。尽量减少它们对异物产生兴趣的机会。
- 如果猫咪"执着地啃咬或舔舐某物"或" 大口吞咽异物"，请联系医生或宠物行为的专家。

关于危险等级

本章着重介绍容易引发肠梗阻或内脏穿孔等重症的家庭用品，并将其中最危险的物品划入高危等级，以 🐱🐱🐱 表示。这是编者综合考量的结果，判断条件包括：导致误食事故频发的家庭用品、容易令猫咪念念不忘的家庭用品、容易在无意间误食的家庭用品等。

泡沫地垫

Joint Mat

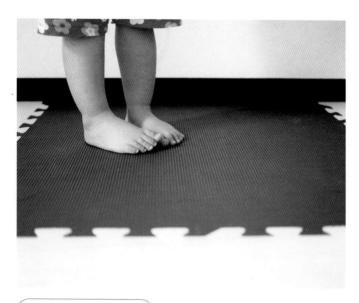

危险等级 🐱🐱🐱

误食频发！

有弹性，

极易引发肠梗阻。

　　有很多人会将正方形泡沫板沿边缘拼接而成的泡沫地垫铺设在地板上。它们能有效防止在进行室内活动时受伤并隔绝跑跳发出的噪音，因此有小孩的家庭大多都会使用这种地垫。在日本的建材超市和装饰用品店，这种地垫十分常见。不过，猫咪误食泡沫地垫的事故却也源源不断。在我院就诊的猫咪中，因啃咬、吞咽泡沫地垫而不得不进行开腹手术的病例正显著增加。（服部医生）

　　对猫咪来说，泡沫地垫的危险性来自它的弹性。猫咪误食后，由聚乙烯、软木及EVA树脂组成的材料会填满猫咪的整个肠胃，令它们无法吐出，也无法排泄，于是就引发了肠梗阻。需要注意的是，每块泡沫地垫边缘的凹凸部分也正是猫咪喜欢啃咬的形状之一。因此，请保持拼接的泡沫地垫处于平整的状态。如果你发现猫咪仍旧围着它们打转或是有啃咬的举动，那么最好将它们收起来。但也不乏因安全需求而不得不使用地垫的情况，此时不妨用一些猫咪不感兴趣之物（如拼接地毯、防水地垫等）替代或是给泡沫地垫罩上防护罩。

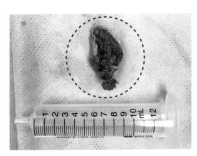

左图为通过手术取出的堵塞肠胃的泡沫地垫碎片。误食的症状表现为呕吐、精神萎靡。

猫咪玩具

Cat Toys

危险等级 🐱🐱🐱

面对老鼠玩具,
多数猫咪会选择一口吞下。

好奇心旺盛的幼猫特别容易误食猫咪玩具。除了人造材料外，我们更要警惕用兽毛（像兔毛）、羽毛等材料制成的玩具。这些材料很容易令猫咪沉迷其中不能自拔，因此而误食玩具小老鼠的案例可谓屡见不鲜。它们会如同野生猫咪捕食小动物那样，将玩具一口吞下。这也是肠梗阻发生的原因之一。

被误食的小型玩具可能会随着粪便一起排出体外，但也不能一概而论，具体情况还需要根据误食的数量及材料来判断。有的猫咪把玩具连同塑料把手整个吞入腹中导致肠子被堵塞，如果其中的线状部分残留在肠道中甚至会导致组织坏死。→线状异物见第 106 页

作为一个合格的主人，跟猫咪玩耍时，请仔细观察猫咪的动向，并确保玩耍结束后手中玩具完好无损。倘若出现误食，最好换一种玩具。此外，在玩耍结束后请将玩具收好，因为这类玩具对它们来说往往极具吸引力。

左图为某种猫咪玩具。左侧的硅胶碎片被猫咪误食后滞留在胃中，后经内窥镜手术取出。

纽扣电池

Button & Coin Cell Batteries

危险等级

腐蚀胃壁
引发重症。

纽扣电池被广泛应用于电动猫咪玩具、时钟、秒表、LED（发光二极管）灯等日常用品中。因为儿童误吞纽扣电池的事故频频发生，其中亦不乏误吞致死的案例，所以日本消费者厅及毒物信息中心等机构多次呼吁民众提高警惕。实际上，猫咪误食纽扣电池也是极其危险的。受电池放电的影响，食道和胃壁等器官的组织会因电池停留，在短期内被腐蚀进而发展为更加严重的疾病。如有发现爱猫误食了纽扣电池，切勿犹豫，请立刻送医。

误食和重症化的预防策略

- 不要把能够轻易卸下电池的用品放在地板上。
- 扣好电池盒的盖子或拧紧电池盒的螺丝。
- 选择猫咪不在的地方更换电池。
- 电池用完后，在它的正负极贴上胶带。

将纽扣电池夹在火腿片中观察放电造成的影响

将 4 种不同的纽扣电池夹在火腿中，对比放电造成的影响。5 分钟后火腿开始泛黑。10 分钟后，从锂电池所在的部位可以观察到强烈的化学反应导致火腿起泡（见图）。所有电池附近的火腿肉，都可以看到烧焦变色的痕迹。

线状异物

String-Shaped Objects

危险等级 😿 😿 😿

猫狗最易误食，
致死率极高。

细长的线状异物堵塞肠道会导致组织坏死，进而危及猫咪的生命。一项问卷调查[①]显示，猫狗最容易误食线状异物。回答问卷的 172 名医生中有 27 人表示，自己诊治过的猫狗中，有的甚至因此而丧命。

线状物体的形状及动态能够激发猫咪的狩猎本能。因此，请收好那些线状的家庭用品，避免让猫咪一直围着它们打转。此外，还要注意开线的沙发和猫架。

一些需要特别警惕的线状物品

- 卫衣和运动服的线：与主人互动的猫咪极易误食，部分较粗的绳子和纠缠成团的线头容易堵塞肠道。小小线头隐藏着诸多隐患。
- 塑料绳、包装用的丝带：又长又结实，进入肠道会造成肠道套叠。
- 捆绑火腿的棉线：沾了肉味，容易被猫咪误食。

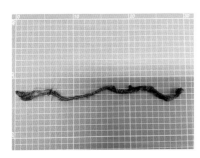

来自卫衣的细线，猫咪误食后引发肠道堵塞，最后经开腹手术取出。

---

① Anicom 控股于 2011 年针对医生实施的一项问卷调查。调查致死率为 18%，即 27（误食线状异物致死的病例）÷150（误食线状异物就诊的病例）×100%。

缝衣针、图钉

Needles, Thumbtacks

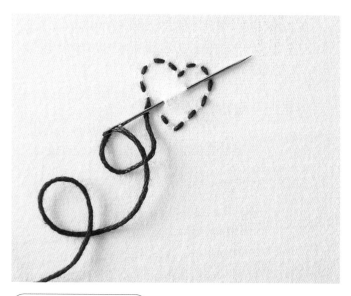

危险等级 🐱🐱🐱

误食缝衣针会导致缝纫线缠绕
在猫舌上,并将伤口撕裂。

缝衣针和图钉的尺寸使得它们能轻易进入猫咪口腔。这些物件不仅难以消化，尖锐部分还有划伤口腔及消化道、刺穿肠胃的风险。正因为有着如此之多的危险，用完后请记得将它们放回裁缝箱或收纳盒中，以防猫咪玩耍。

下面提到的针形异物极易吸引猫咪的注意，切勿让它们靠近。

一些需要特别警惕的针形异物

- 缝衣针：误食的过程一般为被系在针上的线吸引→用嘴叼线时针会挂在猫舌的倒刺上→划破口腔或连针带线吞进腹中。有的猫咪甚至会在主人用布料缝制口罩时将缝衣针吞下。
- 鱼钩：带有鱼腥味的钩子会吸引猫咪，当它们舔舐鱼钩时，舌头和口腔都有被刺伤的风险。

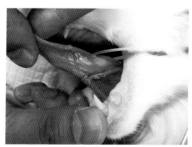

猫咪误食缝纫线，舌头被缝纫线紧紧勒住。虽然猫咪没有把缝衣针吞下，但是为了取出缝纫线还是进行了全身麻醉（误食缝衣针的猫咪照片见第18页）。

球状的小型异物

（铃铛、玻璃弹珠、按键、硬币等）

Round & Small Objects

危险等级 ✕✕ ✕✕ ✕✕

直径1厘米以上的球状异物
极易引发肠梗阻。

　　三岁儿童的最大口腔直径约为 39 毫米，嘴到咽喉深处的距离为 51 毫米。小于这个尺寸的异物均有引发误咽的危险[1]。就猫咪而言，因异物堵塞咽喉而引发窒息的案例虽不常见，但根据它们的肠道直径推测，吞下直径 1 厘米以上的球状异物就有引发肠梗阻的危险。

　　较为典型的例子就是猫咪误食项圈或玩具上的铃铛。除某些特定的目的（方便视力不佳的老年人掌握爱猫的位置）外，并不需要给猫咪戴上铃铛。如果从小就给它们戴上的话，或许它们会习惯这样的声音。否则，对于听觉灵敏的猫咪来说，经常在耳畔响起的声音或许会令它们感到巨大的压力，这取决于猫咪的性格。因此，戴上项圈或使用玩具前，最好先取下铃铛。

　　此外，主人还需要注意玻璃弹珠等球状异物及按键、硬币、弹球等圆形异物。当大家听说因此类异物卡喉而导致幼儿窒息的事故时，不妨想想："如果误食了相同的异物，猫咪又怎么可能平安无事呢？"

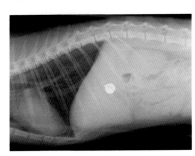

猫咪胃中的项圈铃铛。通过开腹手术取出。

---

[1]　参考自《育儿手册》（关于"误咽检测杯"的介绍章节）。

用于穿刺食物的尖锐异物

（牙签、竹签等）

Food Sticks

危险等级 🐱🐱

与食物一起吞下后，
尖锐部分会损伤消化器官。

由于垂涎于食品残留的香味，贪吃的猫咪非常容易误食牙签（用于拿取火腿或前菜）及竹签（常见于烤鸡肉串和关东煮等食品中）这样的尖锐异物。有的猫咪在"撸串"时，甚至会连肉带签一并吞下。若是发现猫咪有这种倾向，各位主人切勿放松警惕。

尖锐异物不仅会划伤猫咪的口腔黏膜，还会伤及它们的食道和肠胃。不过，这里有一个误区，大家都误以为这类异物有刺穿消化器官的风险。实际上在临床中几乎没有这样的案例。（服部医生）但是，那种细长坚固且难以咬碎的塑料牙签就另当别论了。误食后又没有随粪便排出的话，甚至需要进行开腹手术。

为防止误食，请不要将这类垃圾弃置于厨房水槽的三角篮中，而是应该扔到有盖的垃圾桶中（也请参考下面的照片）。

通过开腹手术从猫咪肠道中取出的三角沥水篮的网。猫咪偷吃三角沥水篮的食物时把网也吞了下去。

布制品

Fabric Products

危险等级 🐱 🐱

大块的布制品 🐱 🐱 🐱

人类用过的布制品
散发着令猫咪着迷的味道。

有的猫咪会啃咬甚至吞食毛衣及其他羊毛制品。像这样对食物之外的东西也异常狂热的行为被称为羊毛吸吮（wool sucking），属于异食症的一种。据说，这种疾病常见于暹罗猫和出生后立即离开母猫导致断奶过早的猫咪。但是，具体原因至今不明。

除了羊毛，误食布制品的猫咪也不少。沾有主人皮脂和体味的衣物及其他布制品最容易令猫咪着迷。需要注意的有换下的袜子、用完的毛巾、浴室的防滑垫等。还有些猫咪将吊带衫的肩带、眼镜布吃得一点不剩，最后通过手术才取出。（服部医生）

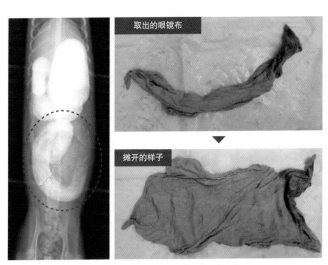

取出的眼镜布

摊开的样子

被完整吞下的眼镜布滞留在肠道中，最后通过开腹手术取出。

口罩

Mask

危险等级 🐱🐱🐱

防疫必备物品，
误食易引发肠梗阻。

受疫情影响，口罩成了每个人的必备之物。因此，猫狗误食的病例报告也是层出不穷。新冠疫情在日本爆发后的半年内，我就遇到了 2 例误食口罩堵塞肠道，需要进行开腹手术的病例，其中一只猫咪的肠道被粘成一团的橡胶耳带堵塞。（服部医生）

猫咪好像经常喜欢围着口罩打转，大概是因为它们紧贴口鼻，所以极易沾上主人的唾液和气味。有的猫咪也对细长的耳带部分兴致勃勃，甚至会不管不顾地吞入腹中。另外，一次性的无纺布口罩容易挂在猫舌的倒刺上。对于无法吐出的异物，猫咪也只有吞下它们。因此，如果家中有对口罩表现得十分有兴趣的猫咪，请注意不要把口罩随处乱放。

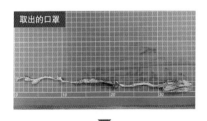

取出的口罩

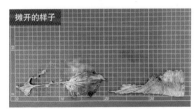

摊开的样子

猫咪吞下了完整的儿童无纺布口罩后引发肠梗阻。上方的图为通过开腹手术取出的口罩。整个口罩变成了细长的线状物体，橡皮线也打成了结。

发圈、橡皮圈

Hair Tie, Rubber Bands

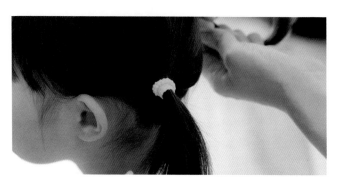

束发的发圈、
大号的橡皮圈非常危险。

危险等级

发圈及
大号的橡皮圈

橡皮圈是猫咪最容易误食的日用品之一。在日常工作及厨房中经常用到的橡皮圈直径大约为 4 厘米，这种尺寸较为常见，误食后也容易随粪便一同被排出体外。

需要特别警惕的橡皮圈

- 大号的橡皮圈：办公用的大号橡皮圈极其牢固，进入猫咪的消化器官后可能被慢慢揉成团，进而造成堵塞。
- 发圈：喜欢主人毛发的猫咪热衷于啃咬这种发圈。曾经有一只误食发圈的猫咪，发圈上的长发堵塞了肠道，后来经开腹手术才取出。（服部医生）

食品包装
Food Packaging

香肠包装膜
是其中的典型代表

危险等级

如香肠和培根的包装膜、鱼类和肉类的包装盒、小鱼干和猫咪零食的包装袋，残留着食品的味道，因此这些食品包装经常成为猫咪误食的对象。特别是当其中的食品尚未取出时，很多猫咪会狼吞虎咽地大吃一通。这会刺激它们的胃部进而导致呕吐等症状，甚至会引发肠道堵塞。因此，最好将这些包装放到猫咪打不开的柜子中或扔到带有盖子的垃圾桶里。

因误食香肠包装膜而就诊的猫咪非常之多。（服部医生）对于这种伸缩性极佳又难以扯裂的材料，即便尖牙利齿的猫咪也束手无策，最后只好全部吞下。进入体内的长条形包装膜往往会造成肠道堵塞。此外，还有一种两端以金属环固定的香肠包装，这种包装更加危险。

塑料袋

Plastic Bag

注意那些总喜欢舔舐、撕扯塑料袋的猫咪

危险等级

　　塑料袋"沙沙"作响的声音总是撩拨着猫咪的好奇心，或许是因为这让它们想到了老鼠之类的动物正四处乱窜的样子。有的猫咪朝着塑料袋扑上去，有的则像扑抓巢穴中的猎物一般往塑料袋里钻。像这样玩耍时不慎误食塑料袋的情况时有发生。

　　除上面源自狩猎本能的行为外，还有的猫咪会恋恋不舍地追着塑料袋舔舐或撕扯。据说，该行为会刺激猫咪的肠胃令它们吐出毛球。不过这种说法并不能自圆其说。说回误食塑料袋的问题，如果只吃了些碎片的话，异物会随着粪便排出体外，但是误食的量多或者塑料袋质地坚硬不容易被排出体外的话，则可能导致呕吐、腹泻、肠道堵塞。

硅胶及塑料制品

Silicone & Plastic Products

即便是硅胶也不妨碍
猫咪一口吞下

危险等级

　　手机壳、保鲜盖、折叠式厨具、水杯……如今，这些日常用品都用上了结实轻便的硅胶材料。这种材料十分柔软，尖牙利齿对它们毫无办法，因此猫咪有时会完全吞下。有的猫咪甚至连主人的耳帽（耳机末端的部分）都会吞入腹中。

　　此外，有的猫咪也喜欢啃咬质地坚硬的塑料制品。无论是硅胶还是塑料，猫咪误食后都容易滞留在肠道中难以被排出体外。我们还发现，一些猫咪餐具也是塑料制品。细菌非常容易在塑料的裂缝中繁殖，因此，从卫生的角度来说陶瓷的餐具更加理想（注意：不锈钢餐具到了冬天会变得冰凉）。

充电线、耳机

Charging Cable, Earphones

又细又软,能够轻易咬断,
连里面的铜丝也不例外

危险等级

充电时 🐱🐱 🐱

　　手机、平板、充电器、蓝牙耳机、无线键盘……随着这些充电式电子产品的普及,因误食充电线而就诊的猫咪似乎也越来越多了。(服部医生)一般来说,与普通电线相比,充电线更细更软。因此,猫咪能够轻易将绝缘层及内部的铜丝咬断。此外,对于它们而言,有着类似口感的耳机线也需要注意。

　　再者,直接啃咬手机充电线的猫咪还可能触电。对此,主人可以给充电线套上保护套来避免猫咪直接接触,或者更换新的充电线避免铜丝裸露在外。→触电事故见第 155 页

纸制品

Paper Products

结实的纸制品
极易引发肠梗阻

危险等级

湿巾

　　诸如抽纸、纸板箱、主人的笔记本和书籍等纸制品，除非猫咪大量吞食，否则都可以通过粪便排出体外，因此不必过于担心。

　　不过也有例外。湿巾不仅很难被撕碎，还能缠上猫舌而被猫咪卷入腹中。因此，猫咪很容易吞下整张湿巾，引发肠梗阻。

　　此外，酒精消毒湿巾也极其危险。出于防疫的需要，这种湿巾越来越普及。猫咪误食后还会引发中毒症状，因此千万注意不要让它们接触这类产品。

猫砂

Cat Sand

**对猫砂也
狼吞虎咽**

危险等级 😼

　　或许是大小和口感都与猫粮相近，有的猫咪总喜欢吞食猫砂。但是，吞食过量会导致猫砂淤积在肠道中。如果发现猫咪有吞食猫砂的行为，请立即更换猫砂的种类。

　　压力、营养不良、感染寄生虫、恶性肿瘤等原因均有可能令猫咪患上这类异食症。（服部医生）

注意这些容易误食的猫砂

- 豆腐猫砂：散发着食品香味的猫砂，让许多猫咪忍不住食用。曾经有一只患有膀胱结石的猫咪，从它的结石中检测出了硅元素，据了解这只猫咪经常吞食豆腐猫砂。不过，仅凭结果难以证明豆腐猫砂就是导致膀胱结石的罪魁祸首。（服部医生）
- 纸屑猫砂：会吸收水分，在肠胃中膨胀容易造成堵塞。

长毛猫的毛发
Long-Haired Cat's Hair

**疏于梳毛或许会
导致肠梗阻**

危险等级 😿

　　猫舌的倒刺（丝状乳头）能够为自己梳理毛发。但是，这种特殊的构造又会导致猫咪经常将脱落的毛发吞进肚子。这些毛发有的来自自身，有的则来自同伴。如果同伴中有一只长毛猫，那么其他猫咪吞食的毛发也会较多。它们沉积在胃部形成难以靠呕吐排出的毛球，有时也会导致肠梗阻。在肠胃健康的情况下，短毛猫的毛发基本不会造成肠胃堵塞。

　　为了防止误食毛发，最好的做法就是通过细致的梳理来减少脱落的毛发。对于那些肠胃容易堵塞的猫咪，不妨在医生的指导下运用食物疗法来保护它们的消化器官，或投喂一些能够消除毛球的营养品。

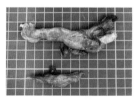

沉积在胃部的长毛猫毛发

第4章

猫咪不能碰的家庭用品（中毒篇）

药品及保健品能够帮助人类保持健康，可对于体形较小的猫咪来说，哪怕误食少量也会导致中毒。我们生活的家中，含有化学制品的物品更是不胜枚举。随着新冠病毒的流行而频繁使用的消毒液、为驱除害虫准备的各类家庭用品……这些东西的毒性甚至会危及猫咪的生命，请各位主人务必妥善保存。

避免猫咪"祸从口入"的基本方法

- 对于化学制品，应事先确认其成分。除生活必需品外，尽量避免将容易引起中毒的物品带入室内。
- 尽量将物品收纳好，不让猫咪舔舐、踩踏或沾上可能导致中毒的液体。
- 请将杀虫剂和放置型的灭鼠药放到猫咪绝对接触不到的地方，比如宠物门的另一侧。

关于危险等级 🐱

本章围绕那些极易引发中毒并危及生命的家庭用品，基于中毒事故频发、容易吸引猫咪注意等特征，经过多方面的分析，将其中最为危险的物品划入高危等级，以 🐱🐱🐱 表示。

旧式制冷剂、防冻剂

（乙二醇）

Old Refrigerant, Antifreeze

危险等级 😿😿😿

猫咪乙二醇中毒的
死亡率极高。

乙二醇（ethylene glycol）是汽车防冻剂的主要成分之一。有调查[1]显示，猫狗乙二醇中毒的致死率均属最高。该物质进入体内后，在肝脏中的酶的氧化作用下形成草酸。草酸与血液中的钙结合形成草酸钙结晶，进而引发急性肾衰竭。相较于狗，猫咪更容易受到影响，症状发展也更为迅速。乙二醇对猫咪的致死量是1.5毫升/千克[2]（其他研究认为1毫升/千克就足以致死）。换言之，微量的乙二醇就足以令猫咪丧命。

最近，制冷剂的安全系数越来越高

过去，乙二醇曾是旧式制冷剂（摸起来较为柔软的那种）的原料之一，但是出于安全方面的考虑，最近的制冷剂已不再使用这种原料。编者咨询了日本七大制冷剂制造商（Icejapan、Eight、Trycompany、三重化学工业、博洋九州Apton、鸟繁产业）加盟的日本制冷剂工业协会（JCMA）。据悉，该协会成员都已停用乙二醇。

本协会的认证标识即是安全和放心的保障，所有印有该标识的制冷剂均符合本协会制定的行业自律标准。制冷剂的主要成分是一种凝胶状物质，由98%的水和1%的吸水性树脂混合而成。吸水性树脂是一种白色粉末状物质，在纸尿裤和卫生巾中均有使用，即便进入人体也不会被吸收而是会随粪便排出体外。如果猫咪误食，除非大量摄入，否则不会有安全之虞。（日本制冷剂工业会办公室负责人）

---

[1] Anicom控股于2011年针对医生实施的一项问卷调查。调查致死率为58%，即28（乙二醇中毒致死的病例）÷48（乙二醇中毒就诊的病例）×100%

[2] 参考自Nicola Bates（Feline Focur（11）/ISFM）：Ethylene glycol poisoning。

并非所有的制冷剂都安全

然而，我们并不能断言"所有正在销售的制冷剂均未使用乙二醇"，因为有的制冷剂并未标明使用的原料，还有的制冷剂在冰柜中放了很多年又被主人取出来再次使用。安全起见，最好不要使用未标明原材料的制冷剂。就我的个人经验而言，大约在 10 年前，我从国外购入了一些螃蟹，经过翻译发现附带的制冷剂竟也使用了乙二醇。（服部医生）

防止猫咪误食丙二醇

顺带一提，一些软绵绵的冰枕会使用丙二醇（propyl glycol）。丙二醇也被用作人类食品的添加剂，因此不像乙二醇那样带有剧毒。但是，根据日本宠物食品安全法，日本政府禁止厂商在猫粮中使用丙二醇（狗粮中可以使用）。丙二醇会导致猫咪血细胞中的海因茨小体增加、红细胞数量变化等情况。因此，请主人做好相应的预防措施，比如不要给爱咬东西的猫咪使用丙二醇制冷剂，或用毛巾包裹后使用。

此外，夏日携猫出行时，为了防止中暑，我们也会将丙二醇制冷剂放入宠物包中。为了防止猫咪啃咬或冻伤，可以用毛巾包裹住丙二醇制冷剂。

药品

Medical Supplies

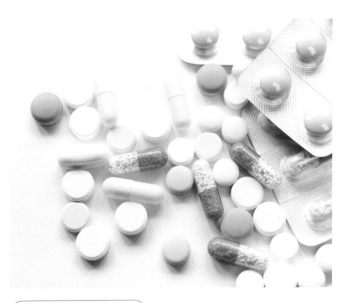

危险等级 🐱🐱🐱

药品中毒频发，
甚至危及生命。

有时候，宠物医院会给猫咪开一些人用药品，但如果按照人类的剂量给猫咪喂药可能会引起药物中毒，因此一定要按照适合猫咪的用法与用量给药。另外，哪怕是正确使用，部分药品的成分对猫咪也是有害的（即便它们对人类无害）。

通过以下的报告，我们可以发现药品导致的宠物中毒事故极为常见。

全球各地关于药品中毒的主要报告

▼ 2019 年日本毒物信息中心收到关于动物中毒的咨询数量

	来自普通公民	来自医疗机构	合计
处方药品	34	27	61（15.1%）
一般药品	16	5	22（5.4%）
药品总计	50	32	83（20.5%）

（总计含其他咨询，在 404 起动物中毒咨询中的比重以百分比表示）

▼ Anicom 控股于 2011 年针对 172 名医生开展了一项问卷调查。其中，关于"人类药品中毒的诊疗经验"的结果如下：

· 1 次以上：150 人（占全体的 87%）
· 因误食而中毒致死的病例：16 人

▼ 2019 年美国动物中毒管理中心收到的宠物中毒报告排名。

第一名：一般药品中毒报告（占总数的 19.7%）
第二名：人类处方药中毒报告（占总数的 17.2%）

退烧止痛的非处方药对猫咪是剧毒

无论是中枢神经抑制剂，还是激素制剂或抗菌药，所有退烧止痛的非处方药都可能导致猫咪中毒。至于具体的有害成分及致毒剂量，或许会在今后渐渐为人所知。对于主人而言，需要特别警惕的药品是退烧药和止痛药。它们含有对乙酰氨基酚（paracetamol）、布洛芬（ibuprofen）等成分，1粒便足以令猫咪出现严重的中毒症状。尤其是对乙酰氨基酚会导致猫咪贫血和尿血，摄入18~36个小时后便可致命。

处方药须在医生的指导下使用

美国动物中毒管理中心将"氟喹诺酮类抗生素""苯海拉明（抗组胺药）""盐酸阿米替林、米氮平（抗情绪低落药）"等列为极易导致猫咪中毒的药物[1]。其中，氟喹诺酮类抗生素经常用于猫咪的治疗，在使用上并无问题，但是用药过量会导致失明。有的主人会将过去给一只猫咪购买的处方药用于治疗其他的猫咪，这种做法有导致猫咪中毒的风险。苯海拉明、盐酸阿米替林和米氮平也可以给猫咪使用，只是要掌握正确的用法与用量。（服部医生）

哪怕是疗效稳定的中成药也不能擅自喂药

哪怕是中成药也有中毒的风险，对于葛根汤、番泻叶和高丽参这样的常用药，我们也不能掉以轻心。有些主人或许认为中成药的疗效稳定，也可以给猫咪服用。实际上，如果用量错误，任何药品都可能导致中毒。因此，服用任何药品都应遵循医嘱。

---

[1] 参考自 APCC: Most Common Causes of Toxin Seizures in Cats。

硫辛酸保健品

Alpha Lipoic Acid Supplements

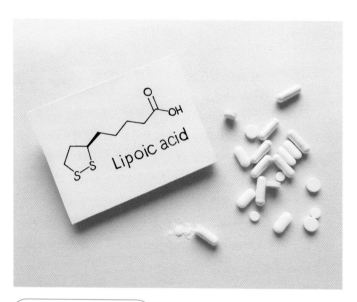

危险等级 🐱🐱🐱

剧毒保健品，
可致猫死亡。

人类的保健品也可能是猫咪的毒药，硫辛酸（lipoic acid）可谓其中的典型。

硫辛酸是一种天然的抗氧化物（一种类维生素物质，并非真正的维生素）。它们不仅存在于猪和牛的肝脏、心脏和肾脏中，菠菜、番茄、西兰花等蔬菜中也含有这类物质。出于美容和减肥的目的，人类将其广泛应用于各类保健品中。不过，小动物们受硫辛酸的影响却远超人类，其中猫咪最容易受到影响。据说，它们对硫辛酸的敏感程度是狗狗的10倍左右。因此，千万不要想当然地认为硫辛酸对猫咪的健康有益而擅自投喂。

猫咪摄入的硫辛酸达到30毫克/千克时，会导致神经和肝脏的损伤。也就是说，当体重为3千克的猫咪误食了一粒硫辛酸含量大于100毫克的保健品，就会失去生命。猫咪硫辛酸中毒的主要表现为流涎、呕吐、动作失调、震颤、抽搐等。日本也曾出现过猫咪服用硫辛酸致死的案例。

在香味的诱惑下大快朵颐

硫辛酸保健品的另一个棘手之处在于，它们总是令猫咪垂涎欲滴。或许是因为迷恋它们的味道，猫咪可能连同包装一起大量吞食。因此，请务必将它们放到猫咪无法接触的地方妥善保存。另外，请不要无视掉在地上的保健品，一旦发现应该立刻拾起。

注：A.S. Hill 等（2004）：Lipoic acid is 10 times more toxic in cats than reported in humans, dogs or rats

香烟

Cigarettes

危险等级 ✖✖ ✖✖ ✖✖

除了尼古丁中毒,
致癌的风险也不容小觑。

猫咪吸烟会导致尼古丁中毒，症状包括剧烈呕吐、情绪低落、心律加快、血压降低、抽搐、呼吸衰竭，严重时会失去生命。众所周知，人类吸入二手烟可能会导致罹患癌症。猫咪也是如此，有报告指出二手烟会加剧猫咪患上鳞状上皮细胞癌和淋巴瘤的风险[①]。它们在舔舐毛发时容易将附着在身上的烟草成分带入体内，因此与猫咪同处一室时请不要吸烟。

别忘了电子烟

美国动物中毒管理中心的数据显示，除了烟草及尼古丁口香糖，宠物误食含尼古丁的电子烟液导致而中毒的事件也在增加。

目前，日本不允许售卖含有尼古丁的液体烟。市面上主流的电子烟是一种用电加热烟草及其制品的加热式香烟。日本中毒信息中心的报告指出，2018 年人类的电子烟中毒事件共计 1265 起，这一数字已经超过了纸烟中毒事件的数量。其中，儿童误食烟芯而中毒的事件较多，他们经常从垃圾桶中捡出用完的烟芯。另外，九成的成人中毒事件是因为误饮浸泡烟芯的茶水所致。目前，有关电子烟的二手烟的危害尚未有定论。但是，人类直接摄入的话，中毒的风险不言而喻。并且，日本并未禁止售卖不含尼古丁的液体烟，其中部分产品使用了对猫咪有害的丙二醇（第 130 页）。

注：以上信息来自 APCC: Poisonous Household Products, 公益财团法人日本中毒信息中心 2018 年咨询报告

---

① Elizabeth R. Bertone 等 (2002)：Environmental tobacco smoke and risk of malignant lymphoma in pet cats, 同上 (2003)：Environmental and lifestyle risk factors for oral squamous cell carcinoma in domestic cats

毒鼠药

Rat Poison

危险等级 🐱🐱🐱

含有破坏凝血
功能的成分。（以 "Deathmore" 系列毒鼠药为例）

城市中，除不尽的老鼠让许多人头疼不已，有的家庭会选择用毒鼠药驱鼠。抗凝血的杀鼠灵（Warfarin）及与其类似的成分被广泛应用于各类毒鼠药，这种成分对猫咪和儿童都是有害的。目前主流的Deathmore系列毒鼠药由日本Earth制药生产，编者就猫咪中毒的问题咨询了该公司负责人。

作为"强Deathmore"的主要成分，杀鼠灵在老鼠连续食用数日之后才会生效。因此，除非猫咪连续食用，否则不会导致中毒。小白鼠对杀鼠灵的急性经口毒性（致毒剂量）为60毫克/千克，若以产品计算为120克/千克。另一类产品"Deathmore pro"的主要成分是噻鼠灵（Difethiarol），其作用虽然与杀鼠灵相同，也有抗凝血的功效，但是急性经口毒性比后者更低，无需连续食用即可见效。因此，相较于以杀鼠灵为主要成分的"强Deathmore"，我们必须更加谨慎地使用"Deathmore pro"。当然，这只是就一般情况而言。过去，有医生曾向我司反应过宠物误食微量而病危的情况，因此为防止猫咪误食，请谨慎使用。

—— 日本Earth制药负责人

死于毒鼠药的老鼠能吃吗？

只要摄入量小于急性经口毒性，即便猫咪吃了死于"强Deathmore"和"Deathmore pro"的老鼠，二次中毒的风险也极其有限。

—— 日本Earth制药负责人

精油

Essential Oils

危险等级 😿😿😿

（取决于植物的种类及浓度，具体不明）

通过熏香机附着于毛发上，
对猫咪的危险性大于狗。

精油是提取自植物的液体油。香薰精油是通过蒸馏的方式从植物中萃取芳香成分，再经过浓缩而成的。精油具有调节情绪、舒缓身心等诸多有益健康的功效，因而被广泛使用。但是，有报告显示，误食精油会导致动物呕吐、腹泻、抽搐，以及出现一些中枢神经系统症状，极少部分动物中毒后会出现肝脏损伤的症状，直接吸入的动物还会患上吸入性肺炎。作为肉食性动物，猫咪的肝脏无法分解植物中的毒素，因此，精油对于它们的危险性也远高于人类和狗狗。

注：参考自 APCC: Trending Now Are Essential Oils Dangerous to Pets?

梳理毛发时也会不慎误食

香薰机可以加速精油的挥发从而散播芳香，随着产品热度的不断攀升，它们对猫咪的影响也开始受到人们关注。除了直接吸入外，空气中的精油还会浸透猫咪薄薄的皮肤进入体内，或附着于毛发，随猫咪舔舐时进入口腔。

除毒性广为人知的茶树精油和桉树精油之外，美国动物中毒管理中心还列出了柠檬香茅、薄荷、西柚等对猫咪有毒的精油。

此外，据传还有部分精油令猫咪"闻之则死"，但是具体到"摄入何种精油的多少剂量致死"之类的结论还有待证明。不过，无论有无毒性，对于嗅觉灵敏的猫咪来说，浓烈的芳香都会造成强烈的刺激，这也可能导致压力和身体不适。因此，与猫咪同处一室时最好不要随意使用精油。若是取几滴精油含量在 1%~20% 的香水或洗发水溶于水中，其危险性自然远远不如误食未经稀释的精油。总而言之，为避免猫咪直接接触，请妥善保存此类产品。

茶树① 精油

Tea Tree Oil

茶树精油
是猫咪的
"绝对禁忌"。

危险等级

　　属于桃金娘科的互叶白千层生长于澳大利亚的亚热带地区。过去，澳大利亚的土著居民将萃取的互叶白千层油当作药物使用，如今它们被广泛应用于皮肤的杀菌消毒、熏香、除虫等方面。但是，澳大利亚茶树行业协会（ATTIA）在其官网上告诫消费者，绝对不能给猫咪使用茶树精油。沾上茶树精油的猫咪会出现过度呼吸、运动失调等症状，中毒致死的案例也有不少②。

　　在日本，为了除蚤、除菌及消炎，茶树精油也被应用于犬用沐浴露中，但猫咪还是应该避免使用。此外，出于疫情防控的目的，有的人会使用加入少许精油的喷雾器进行消杀，但是最好避免在猫咪生活的房间中使用。

---

① 从互叶白千层中提取。
② Nicola Bates (The Veterinary Nurse, 2016)：*Tea tree oil exposure in cats and dogs*

部分犬用驱虫药

(百灭宁)

Some Anthelmintics for Dogs

部分含有"百灭宁"的产品会导致中毒。

危险等级 😿😿😿

　　一般而言，拟除虫菊酯类的杀虫成分对哺乳类动物的毒性较小。不过也有例外，摄入百灭宁（Permethrin）的猫咪会出现较为严重的症状。部分犬用驱虫药含有高浓度的百灭宁，有的主人会错把这类药物用在猫咪身上，这也是猫咪摄入的主要原因。澳大利亚的一项针对医生的调查显示，2年间共有750起猫咪百灭宁中毒的案例，其中中毒致死的案例有166起[1]。另外，日本的部分犬用沐浴露、犬用驱虫药及用于治疗犬疥癣的药物也含有百灭宁。因此，需要给猫咪用药时请使用不含百灭宁的猫咪专用产品。→含有百灭宁的杀虫剂见第147页

---

[1] Richard Malik 等（2017）: Permethrin Spot-On Intoxication of Cats: Literature Review and Survey of Veterinary Practitioners in Australia

氯系漂白剂

(次氯酸钠)

Chlorine-Based Bleaches

有的猫咪
会主动靠近。

危险等级 ✕✕ ✕✕

（视具体浓度而定）

氯系漂白剂的主要成分是碱性的次氯酸钠（sodium hy-pochlorite）。或许是因为对这种化合物的气味情有独钟，有些猫咪会主动靠近。氯系漂白剂的原液沾到猫咪的皮肤可引发炎症，因舔舐毛发而误食则可能导致呕吐、腹泻及抽搐的症状。即便是稀释后的液体也不一定安全，这取决于液体的浓度及猫咪的摄入量。因此，假如您的爱猫经常直接饮用自来水或喜欢在厨房乱逛，请不要让它们误饮用于浸泡抹布的漂白剂溶液。

在为了预防新冠病毒及其他疾病而使用漂白剂清洁地板、猫笼及宠物提箱时，用适当稀释的溶液（以 0.05% 的次氯酸纳溶液为宜）进行擦拭，完成后再彻底晾干，这样就不必担心对猫咪造成伤害。如果漂白剂的气味仍有残留，请打开窗户让房间彻底通风。

杀菌剂、消毒液

Sanitizers & Disinfectants

酒精挥发前，
切勿让爱猫舔舐。

危险等级

如需在家中使用杀菌剂和消毒液，请注意如下几点：

主要产品的使用及注意事项

- 酒精喷雾和酒精啫喱：进入猫咪体内后难以被分解，因此不能用于猫咪餐具的杀菌和消毒。涂抹在皮肤上后应待其完全挥发，否则切勿让猫咪舔舐。

- 次氯酸水（并非第144页的次氯酸钠）：这种以次氯酸为主要成分的酸性溶液被广泛应用于包括宠物厕所在内的各类宠物用品的消毒。如果只是舔一舔，对猫咪并无大碍（也取决于产品的其他添加物）。不过，日本厚生劳动省指出，不建议人类吸入具有消毒作用的次氯酸水产品＊。因此，请主人谨慎使用，避免次氯酸水溅入猫咪眼中或被猫咪误饮。

  ＊摘自日本厚生劳动省官网"关于新冠病毒的消毒与杀菌"

家用杀虫剂

Household Insecticides & Insect Repellents

危险等级 🐱 ⅹⅹ

（视成分而定）

对哺乳动物来说，
拟除虫菊酯类杀虫剂的毒性较小。

过去的家用杀虫剂可谓五花八门，出于安全方面的考虑，现在使用的杀虫剂似乎都以"拟除虫菊酯类化合物（其作用及结构与天然除虫菊花中的成分相似）"为主要成分。编者就杀虫剂对猫咪的危害及注意事项，咨询了日本主要的杀虫剂制造商——日本 Earth 制药。

拟除虫菊酯类杀虫剂通过干扰害虫的神经系统达到杀虫的目的。不过，人类及猫狗等哺乳动物的体内含有能够分解这类物质的酶，因此即便不慎摄入也能以汗液或尿液的形式快速排出体外。为安全地使用本产品，养猫的人群请务必在使用之前仔细阅读产品说明中的用法、用量及注意事项。另外，杀虫剂或许会引发部分人类及猫咪的过敏反应，这取决于他们的体质和当时的健康状况。

——日本 Earth 制药负责人

百灭宁及其他需要注意的杀虫剂

但也不能一概而论，可能令猫咪中毒的百灭宁（第143页）也是一种拟除虫菊酯类化合物，为了防止猫咪舔舐到这种杀虫剂，使用之时请让猫咪彻底远离。

此外，有机磷类和氨基甲酸酯（carbamate）类的杀虫剂可能会导致急性疾病，症状包括流涎、呕吐、尿频、抽搐、呼吸困难、昏睡等，严重时甚至会危及生命。如出现急性症状请立即前往宠物医院寻求帮助。

家中使用杀虫剂、防虫剂的注意事项

·熏蒸型杀虫剂

使用时避免猫咪在场，使用后充分通风并彻底清扫。

（以 Balsan[1] 为例）

　　熏蒸型杀虫剂通过释放气体将室内的害虫一扫而光。其中的部分产品以"百灭宁"为主要成分，该成分虽然也属于拟除虫菊酯类化合物，但是含有百灭宁的喷滴剂产品导致猫咪中毒事件却也不少。因此，在使用时请务必让猫咪离开现场，以确保它们不会直接摄入这些成分。使用前还可以预先给猫咪找一个临时寄养的地方，并将留在室内的猫爬架和猫抓板遮盖严实。如果打算搬家，尽可能在搬家前完成这些工作。

　　由日本丽固公司生产的 Balsan 系列是目前主流的熏蒸型杀虫剂（其中很多产品使用了苯醚菊酯）。那么，养猫家庭在使用时应当注意些什么呢？编者就此咨询了该公司。

　　使用后，应充分通风并用吸尘器等工具清扫房间。考虑到猫咪及其他宠物可能会舔舐地板及墙壁，建议用抹布将这些地方擦拭干净。另外，有的猫咪可能吞食死去的害虫（如蟑螂），清扫房间也能够防止这种情况的发生。

——日本 LEC（丽固）公司负责人

注：杀虫剂和防虫剂的成分根据产品种类而有所不同，本栏介绍了部分产品的注意事项及厂商说明，以供各位主人参考，请按照正确的方式使用。

---

[1]　日本 LEC（丽固）公司开发的一款杀虫剂。——译者注

·硼酸丸

主要原料的硼酸和洋葱均对猫咪有害

对于在家也能轻松制作的硼酸丸，首先我们应该警惕的是主要原料之一的硼酸。这种随处可见的物质看似安全，实则 1~3 克就会导致成人中毒，其经口致死量为 15~20 克[1]。如果有 10~15 克硼酸含量为 50% 的硼酸丸（硼酸含量约为 5~7.5 克），那么只是吃掉一半，猫咪就会面临生命危险，因为硼酸摄入量已经超过成人致死量的六分之一。

此外，经常被用来吸引蟑螂的洋葱是导致猫咪中毒的常见食材之一。误食会引发贫血，严重时甚至会造成急性肾功能障碍（第 32 页）。与市面上的杀蟑饵剂不同，硼酸丸的有毒部分均暴露在外，因此需要谨慎选择放置的地方。

·杀蟑饵剂

残留在蟑螂体内的成分极少

（以黑帽[2]为例）

市面上杀蟑饵剂带有塑料等材料制成的外壳，除非外壳被破坏，否则不会发生猫咪大量误食的情况。我们更应该关注猫咪是否吞食了中毒而死的蟑螂。

死于黑帽的蟑螂体内残留的有效成分极少，几乎不会对猫咪产生影响。

——日本 Earth 制药负责人

---

[1] 参考自《宠物中毒》（山根义久监修 / 畜产出版社）
[2] 日本 Earth 制药生产的杀蟑饵剂。——译者注

· 杀虫气雾剂

与猫咪同处一室时禁止使用

（以 "Earth Jet" 和 "Cockroach Jet Pro" 为例 [1]）

那么，用于杀灭蟑螂和蚊子的杀虫气雾剂在使用时又需要注意些什么呢？

首先，大量使用时，猫咪可能吸入作为溶剂的煤油。再者，我们也不能排除猫咪因吸入雾状杀虫剂而受影响的可能性。因此，与猫咪同处一室时应该避免使用杀虫气雾剂。使用后，为避免杀虫剂附着在猫咪的毛发上，建议将猫咪活动区域的地板擦拭干净。

——日本 Earth 制药负责人

· 蚊香

勤通风，避免猫咪舔舐

（以 "Earth No Mat [2]" 和 "Earth 驱蚊香 [3]" 为例）

像 Earth No Mat 系列驱蚊器（分为插电式和电池式两类）和 Earth 驱蚊香之类能长时间使用的产品，在密闭的房间内使用时只要勤通风，即便与猫咪同处一室也可安心使用。那么，如果猫咪直接舔舐是否有危险呢？

稍微舔舔并无大碍，不过这也取决于猫的体重，请尽量避免它们舔舐或误食本产品。

——日本 Earth 制药负责人

---

[1] 日本 Earth 制药开发的杀虫气雾剂。——译者注
[2] 日本 Earth 制药开发的驱蚊器。——译者注
[3] 日本 Earth 制药开发的蚊香。——译者注

此外，为避免猫咪烫伤，点燃蚊香后请放在猫咪无法接触的地方。

·防虫剂（衣物器皿用）

樟脑和萘的毒性极强

与杀虫剂相同，拟除虫菊酯类化合物也被应用于防虫剂中。除此之外，防虫剂还用到了一些其他成分，含有下列成分的产品可能会导致猫咪中毒。

***

—— 防虫剂的种类及中毒症状 ——

- 樟脑：摄入数十分钟后会出现恶心、呕吐、皮肤泛红、中枢神经系统障碍、呼吸困难等症状。
- 萘：恶心、呕吐、腹泻等。中毒较深会导致中枢神经系统障碍和肝功能异常。摄入 3 日后会出现尿血、尿蛋白的现象，进而引发急性肾功能衰竭。
- 对二氯苯：消化器官障碍、头痛、头晕。

* 参考自《宠物中毒》（山根义久监修）

***

衣物防虫剂的大小和触感能够激发猫咪的好奇心，这会导致它们在玩耍时不慎误食。为避免猫咪直接接触请妥善保存。

·防虫剂（驱蚊防虫用）

主流产品的有效成分为避蚊胺（Deet）

世界上最常用的直接作用于人类肌肤的防虫剂是避蚊胺（Deet），它在日本已经流行 50 年之久。这种杀虫剂能有效阻止蚊子、蜱虫等吸血害虫的叮咬[①]。

那么，猫咪能否舔舐喷有避蚊胺的肌肤呢？编者带着这一问题咨询了生产"Saratect 防虫喷雾"[②] 的厂商。

Saratect 的主要成分是避蚊胺，只要使用得当就不会危害宠物健康，猫咪舔舔抹有 Saratect 的手腕并无影响。不过，如果要为宠物挑选防虫剂时，请选用效果更为温和的猫狗专用产品。

—— 日本 Earth 制药负责人

---

① 信息来自日本 Earth 制药官网
② 日本 Earth 制药生产的防虫系列产品。

其他可能导致猫咪中毒的家庭用品

- 肥皂、各类洗发水、各类洗衣液和柔顺剂、入浴剂（尤其需要注意含有精油成分的产品）
- 香水、口红、护手霜、防晒霜、指甲油、洗甲水
- 蜡笔、颜料、毡头笔、修正液、铅笔、墨水、胶水、浆糊、红色印泥、墨汁、橡皮泥、去油膜清洁剂
- 体温计的水银
- 硅胶干燥剂
- 汽车散热器清洁剂、汽油、煤油
- 肥料、除草剂、杀虫剂（针对鼻涕虫和蚂蚁）等

误食化学制品是否会中毒？这个问题不能一概而论，还需参考产品中的成分及浓度、猫咪的摄入量、体重以及体质等因素。如猫咪在误食后出现行为异常或健康问题，请立即就医。

总而言之，当您面临此类问题时，不妨先这样想想：对人类都有害的物品，猫咪接触后自然也不可能平安无事。

此外，一些含有香料的化学制品即便不会导致中毒，但是它们的气味可能让依赖嗅觉的猫咪倍感压力。

猫咪的危险可不止这些！

如何让爱猫在危机四伏的
室内健康生活？

●坠楼

最近，有一只猫咪从10楼坠亡。有传言称，从高处坠下的猫咪反而能够平安无事，实际上并非如此。（服部医生）

"猫咪在下落时会调整姿势从而以较慢的速度落地""比起从2~3楼这样不上不下的高度，从更高的地方坠落反而会平安无事"……诸如此类的谣传始于20世纪80年代。在当时的纽约，高层建筑开始激增，被称为猫咪高楼综合症（Feline High-Rise Syndrome）[1]的现象初露端倪，相关的调查结果在以讹传讹的过程中形成了上面的种种说法。然而，并非所有猫咪都能在突然坠落时处变不惊并调整姿势。上述的调查结果也显示，在猫咪坠楼事故中，从7楼以上坠落的猫咪的重症发生率显著上升。另外，坠楼的猫咪可能出现外伤、骨折、内脏损伤的情况。因此，无论住在几楼，都需要想方设法避免猫咪从窗户或阳台坠落。值得注意的是，很多坠楼的猫咪不满一岁，并且在温暖的季节里有事故多发的趋势。

另一方面，一些发生在室内的坠落事故则是由于猫咪在玩耍时被逗猫棒吸引了注意力，或与同居猫打架时从高处踏空摔下等原因所致。还有猫咪飞身跃入打开的微波炉中导致自己与微波炉一起从高处摔下，结果被微波炉门上的碎玻璃划伤了皮肤的事故。（服部先生）

---

[1]　W. O. Whitney, C. J. Mehlhaff (1987)：High-rise syndrome in cats、D Vnuk 等 (2004)：Feline high-rise syndrome: 119 cases (1998–2001)

●触电

触电是指电流通过身体造成伤害。啃咬电线会导致猫咪的舌头或口腔黏膜局部烫伤。最坏的情况，毛细血管受损进而引发"肺水肿（液体积聚在肺泡内的现象）"，因此殒命的病例也并不罕见。如果家中有年幼的猫咪和爱咬东西的猫咪，建议整理好家中电线，避免它们裸露在外。比如可以将家中的电线固定在地板或墙壁上，并用专用的保护套包起来。

●烫伤

很多猫咪烫伤的事故都是它们直接跳到刚刚用完的电磁炉上所导致的。不让猫咪进入厨房，或在使用后盖上电磁炉盖板便可避免这种情况。另外，长时间使用电热毯还会因低温烫伤导致皮肤受损。由于老年猫感觉迟钝，且睡眠时间较长，主人要格外注意此类情况。对此，可采取"把温度调至最低""事先铺上较厚的毯子""待温度升高后关闭"等方法应对。

●溺水

猫咪溺水后，水会涌入呼吸道并造成堵塞，继而导致呼吸困难。将热水留存在浴缸里时，为防止猫咪进入，仅仅盖好浴缸盖并不保险，应该将浴室的门一并锁好。

●夹伤、踩伤

猫咪的四肢和尾巴被门夹伤或被人类踩伤时，可能会造成破皮甚至骨折。大风天开窗或工作的换气扇会令室内形成负压的环境，在这种环境下房门极易自动关闭。为了防止猫咪被夹伤，不妨使用门挡令房门保持半开的状态。

索引

图书在版编目（ＣＩＰ）数据

给猫咪一个安全的家 / (日) 服部幸 监修 ; 连俊翔
译 . -- 福州 : 海峡书局 , 2023.11
　ISBN 978-7-5567-1130-7

Ⅰ . ①给… Ⅱ . ①服… ②连… Ⅲ . ①猫—驯养—基
本知识 Ⅳ . ① S829.3

中国国家版本馆 CIP 数据核字 (2023) 第 103416 号

NEKO GA TABERU TO ABUNAI SHOKUHIN, SHOKUBUTSU,IE NO NAKA NO
MONO ZUKAN
Copyright©neco-necco 2021
Chinese translation rights in simplified characters arranged with C&B Production
through Japan UNI Agency, Inc., Tokyo
著作权合同登记号 图字：13-2023-078 号

给猫咪一个安全的家
GEIMAOMI YIGE ANQUAN DE JIA

作　　者：〔日〕服部幸 监修		出 版 人：林　彬	
出版统筹：吴兴元		编辑统筹：王　頔	
责任编辑：廖飞琴　龙文涛		特约编辑：李雪梅	
装帧制造：墨白空间・黄怡帧		营销推广：ONEBOOK	
编辑/内文：本木文惠		插　　画：霜田有沙	
设　　计：山村裕一(cyklu)		校　　正：株式会社Press	
照　　片：服部幸（症例照片）、Adobe Stock、二宫彩香			
出版发行：海峡书局		社　　址：福州市白马中路 15 号	
邮　　编：350001		海峡出版发行集团 2 楼	

印　　刷：天津雅图印刷有限公司		开　　本：787 mm × 1092 mm 1/32	
印　　张：5		字　　数：103 千字	
版　　次：2023 年 11 月第 1 版		印　　次：2023 年 11 月第 1 次印刷	
书　　号：ISBN 978-7-5567-1130-7		定　　价：45.00 元